国网河南省电力公司
"网上电网"典型应用集锦

（2024年版）

国 网 河 南 省 电 力 公 司
国网河南省电力公司经济技术研究院　组编

中国电力出版社
CHINA ELECTRIC POWER PRESS

内 容 提 要

本书为"网上电网"典型应用集锦，是国家电网有限公司"网上电网"系统推广实施过程中，国网河南省电力公司省市县三级单位工作实践的应用案例。每篇案例均从背景介绍、应用详情和成效总结三个方面进行详细阐述，且在应用详情中按照业务应用流程和系统实际操作过程进行展现。

本书主要包括重点工作支撑、发展业务应用、数据质量提升三个篇章，涵盖电网规划、前期、计划、投资和统计等业务内容。

本书可以为国家电网有限公司省市县三级发展专业人员和"网上电网"建设应用人员提供实用化借鉴，为设备、营销、调度、建设等专业人员提供有益参考，也可作为电力系统及自动化等相关专业学习爱好者的基础教程。

图书在版编目（CIP）数据

国网河南省电力公司"网上电网"典型应用集锦：
2024 年版 / 国网河南省电力公司, 国网河南省电力公司
经济技术研究院组编. -- 北京 : 中国电力出版社,
2025. 3. -- ISBN 978-7-5198-9696-6

Ⅰ. TM769

中国国家版本馆 CIP 数据核字第 2025YA9724 号

出版发行：中国电力出版社
地　　址：北京市东城区北京站西街 19 号（邮政编码 100005）
网　　址：http://www.cepp.sgcc.com.cn
责任编辑：高　芬　罗　艳
责任校对：黄　蓓　常燕昆
装帧设计：张俊霞
责任印制：石　雷

印　　刷：北京九天鸿程印刷有限责任公司
版　　次：2025 年 3 月第一版
印　　次：2025 年 3 月北京第一次印刷
开　　本：710 毫米×1000 毫米　16 开本
印　　张：13.25
字　　数：229 千字
印　　数：0001—1500 册
定　　价：98.00 元

史敬天　王　静（济源）　邵红博　郑　征　程　然
丁　浩　谷明哲　燕少鹏　李莉杰　赵　阳　陈　鹏
吴　博（南阳）　郭　旭　刘　平　张　淦　王逸超
王艳君　李俐含　冯华威　刘　煜　刘　冰　王军义
孟昭泰　张林涛　申换玲　裴　磊　徐海瑞　许　伟
孙思培　于雷乐

编写人员（排名不分先后）

韩军伟　周志恒　蔡姝娆　杨浩宇　刘　萌　贾武轩
周　锦　史二飞　柴　喆　张晨宇　袁莉莉　尹轶珂
陈炳杰　常文浩　李元涛　吕莉源　高　方　田壮梅
牛成玉　贺　远　张青峰　赵阳阳　王稼琦　孔令哲
成伟伟　王向东　谢延开　孙　菲　杨国庆　张　挺
耿　冲　袁　景　姬晓利　宋　少　俞　飞　廖　雨
李冰倩　薛少强　曹　地　张　媛　胡江雪　张志郑
韩一霈　孙世勇　迟　成　张　宁　张照真　赵翔旭
王雅楠　朱　硕　周　乐　李志前　薛明洋　王雨婷
胡一帆　杨　鹏　韩绍娟　王　琪　石　磊　郭　宁
韩　乐　张　楠　马　忠　葛　阳　刘　爽　杨　乐
李幸隆　付　晟　徐菁嶺　胡嘉琦　刘　慧　孙　菲
张　媛　何建华　范娟娟　缑晓会　豆俊杰　杨斯怡
木少阳　胡毅飞　户国辉　李　昊　潘爱鹏　王子腾
冯玉琪　张述鑫　白本政　郝新超　张仕磊

在新一轮科技革命与产业革命相融并进浪潮推动下，电网企业数字化转型加速迭代升级，将对电力系统形态发展和新型能源体系建设产生深远影响。从2020年至今，国家电网有限公司顺应数字化发展趋势、新型电力系统构建和高质量发展的迫切需要，统筹推进建设应用新一代电网发展数智平台"网上电网"（PIS 2.0），旨在推动电网数字化智能化转型升级。

统筹建设，高效推进。按照国家电网有限公司统一部署，国网河南省电力公司从2020年4月正式启动"网上电网"推广实施，成立建设工作领导小组和工作组，全面深入推进建设应用工作。国网河南省电力公司持续贯彻落实"大力推、加快用"等总要求，发展策划部、数字化工作部"双牵头"，各相关专业部门横向协同，国网河南省电力公司经济技术研究院（简称省经研院）、国网河南省电力公司信息通信公司（简称省信通公司）"双支撑"，18个市公司、108个县公司纵向联动。克服平台边开发边应用、系统接入范围广、数据治理难度大等诸多困难，攻坚完成2020年"全面启动"、2021年"建用并行"、2022年"深化应用"、2023年"质量提升"、2024年"实用赋能"各阶段建设应用任务。

勇立潮头，硕果累累。国网河南省电力公司上下一心，创优争先，取得系列亮点工作成效。2020年，获得总部管控任务"4期双第一、连续3期双第一"好成绩，完成平台软硬件搭建，初步实现发展、设备、营销、调度等多业务系统贯通，主要业务线上试用，相关工作快讯在《国家电网工作动态》刊发。2021年，推动档案、运行、项目等多元数据融合，深化源端、中台端和应用端数据治理，建成"图数一体"数字孪生电网。入选国家电网有限公司"网上电网"应用案例集锦10篇，占比15%，数量居国网系统第一，获得省数据价值挖掘劳动竞赛二等奖。2022年，获得国网经研体系创新大赛二、三等奖和优秀组织奖各1项，出版国网系统首部省公司级《网上电网典型应用集锦》，研创入选国家电网有限公司大数据典型应用1项。2023年，全面发挥"一图一网一库一平台"作用，坚强支撑"十四五"电网规划滚动修编等重要工作开展，实用化质量专项提升工作成效获总部高度评价，荣获"网上电网"业务应用技能竞赛团体赛国网系统第七名、华中区域第一名和优秀组织奖的佳绩。2024年，按月常态化开展"网上电网"基础数据治理监督分析，4项核心业务指标和电网一张图融合改造通过总部验收，26项实用化指标实现7期考核A段，稳居国网系统第一梯队。国网河南省电力公司作为6家先行先试单位之一，支撑开展输、配电网规划新功能验证及重要需求研讨、输电网图集在线发布、2025年建设方案规划项目上图入库等重点任务，工作成效获总部积极肯定。

数字赋能，助力转型。截至2024年11月，基本建成"一图一网一库一平台"，数字化赋能业务、赋智基层的能效持续提升。"一图"赋予"千里眼"，可视化呈现河南电网融合地理、卫星、环境、气象和运行等全景图数，实现从特高压到低压用户约5110万对象秒级定位，以全景导航一幅图支撑电网规划研究等。"一网"用作"透视镜"，全息化动态集成源网荷储300多类、汇聚发输变配用全环节等2万GB数据资产，有力支撑电网精准诊断分析。"一库"形成"流水线"，贯通规划、前期、储备、计划等阶段的项目刚性约束管控体系，落实"项目上图—规划入库—生成编码—项目执行"流程，保障"不上网上电网不进规划、网上电网说不清不下计划"，高效支撑完成规划项目上图、可研流转、计划编制等。"一平台"提供"工具包"，全程在线服务"智能规划—高效前期—精益计划—精准投资—自动统计"80个场景，有力支撑电网规划滚动、电网承载力评估、防灾抗灾补短板等。

坚持首创，擦亮品牌。《国网河南省电力公司"网上电网"典型应用集锦（2024年版）》是河南公司连续第三年聚力打造的国网系统首部集锦，获总部"走在系统前列"积极评价，已成为公司数字化转型的亮点品牌。2024年，贯彻落实国家电网有限公司加强新型电力系统规划工作的部署，深刻把握电网发展向全要素规划转变、数字化转型从"数实结合"向"实数结合"推进等形势任务。在总部支持及国网河南省电力公司发展策划部、数字化工作部等指导下，由省经研院牵头，协同省信通公司和"网上电网"技术支撑团队，组织市县公司等23家单位，坚持基层首创、成果固化理念，开展应用成果培育。紧密围绕公司发展工作重点，搭建了"聚焦公司发展工作要点、聚集发展业务基层实践、聚力数据质量扎实提升"的集锦框架。历时近4个月，从选题方向、专业领域、内容质量、实际效用和推广价值等方面，进行多维度筛选、多层级评审和6轮次统筹修订，汇编完善形成27篇典型应用。

沉研潜究，服务发展。从总体上，集锦呈现以下四个特点。一是框架全面，支撑发展业务数字化转型。第一篇聚焦公司发展工作要点，包括全力推进各级电网建设、服务新能源健康可持续发展、加强投资问效评估等十个方面的应用支撑；第二篇聚集发展业务基层实践，涵盖了规划、前期、投资、计划、统计五类发展业务；第三篇聚力数据质量扎实提升，瞄准档案、拓扑、运行等关键基础数据治理工作，助力功能完善和指标提升。二是领域创新，主动探索电力发展前沿。紧密围绕新型电力系统构建的关键环节开展河南创新实践，如分布式光伏承载力分析及反向重过载治理、新型储能电站规划研究、分时电价调整影响分析、防灾抗灾及补短板专项规划、"网上电网＋通信网规划"等。三是基础牢固，以数据治理促高质量应用。针对数据治理的痛点，用实例突出了"多专业协同、多系统比对、全链路联动"的高效模式（如间隔资源、图数集成、融合改造、电量采集等治理），介绍了"以指标体系为抓手，坚持数据监督分析评价"的典型经验，展示了"发扬基层首创精神，探寻最优工作流程和方法"的成功做法等（如鱼骨图分析法、RPA 人工智能应用等）。成为基层一线数据治理的"法宝"，有力促进数据质量本质提升。四是研编扎实，助推全省实用化水平提高。所遴选典型应用均从背景介绍、应用详情和成效总结三方面进行阐述，逻辑严谨，内容翔实。集锦广泛吸纳省市发展业务专家和平台应用技术人员指导建议，专业性、技术性和实用性显著提高，打造可推广的作业指导书，保障平台规模化和深度化应用。综上，切实发挥"网上电网"平台所应有的数字化转型赋能作用，为助力新型电力系统建设、助推公司和电网高质量发展作出贡献！

不忘初心，聚沙成塔。可以说，连续三年聚力编撰的典型应用集锦，记录了国网河南省电力公司电网数字化转型的坚实足迹，也是国家电网有限公司乃至中国数字化转型的生动缩影。我们深感幸运和压力，幸运是能够深度融入这样特殊重要的转型发展时代，压力是怎样才能不辜负时代赋予的使命担当。因此，我们坚守初心，持续积累，锲而不舍形成集锦系列。衷心期待通过对集锦的精心编撰、用心打磨和出版发布，为电网发展专业和平台建设应用人员提升数字化效能给予积极辅助，为设备、建设、营销、数字、调度等专业人员开展数字化工作提供有益参考，也能为相关专业学习爱好者增添交流平台。

众人帮持，衷心感谢。在本集锦编撰过程中，国家电网有限公司"网上电网"建设应用总部领导刘增训、张凯、胡航海、郭利杰、赵翰林、罗伟和专家张震雷、张建永、王沛胜、吴献立、韩啸等给予了悉心指导和帮助，在此表示衷心感谢！同时，参编集锦的各单位专家，根据编委会评审建议，孜孜以求、反复修订；参加集锦评审的编委和专家们，科学细致、严格把关，为集锦高质量成稿付出了大量努力。"网上电网"技术专家李幸隆、张述鑫、徐菁嶺等鼎力支撑，组织汇稿、校核和排版等，为集锦高效率印制付出了辛勤汗水，在此一并致以诚挚谢意！

金无足赤，白璧微瑕。由于时间和水平所限，本集锦难免存在不少疏漏之处，恳请各位领导、同仁和读者批评指正。谢谢！

因工作原因，本集锦相关敏感数据进行了适当处理，望广大读者须知！

编委会及编写组

2024 年 11 月

目　录

前言

第一篇

重点工作支撑篇

　　扎实支撑公司重点工作。紧密围绕 2024 年国网河南电力发展工作要点，全方位组织开展"网上电网"技术支撑，省市县三级涌现出众多优秀创新实践。甄选出其中典型应用十一篇，支撑发展工作要点涵盖：全力推进各级电网建设、充分调动省内省外两个资源、滚动分析供需平衡形势、服务新能源健康可持续发展、开展分布式光伏消纳与承载力测算、按期完成"十四五"规划建设任务、开展"十五五"规划重要专题研究、加强投资问效评估、落实落细线损计划管理、高标准开展统计工作等。这些应用实践，从各个维度和层面，切实支撑了公司发展工作的高质量开展，为省市县广大的发展专业人员和"网上电网"建设应用人员提供了实用化借鉴。

一、全力推进各级电网建设

1. 利用"网上电网"开展补短板专项规划

🍃 一、背景介绍

为贯彻落实国家电网公司高质量发展工作会议暨 2024 年第二季度工作会议精神，河南公司于 2024 年 8～9 月组织开展了配电网补短板专项规划。本次补短板专项规划以补短板、保安全为重点，计划通过 202～2026 年三年建设改造，消除县级及以上供电区域与大电网联系薄弱、单辐射多级串供、单线站单电源供电等配电网网架结构薄弱问题；消除偏远地区、公司直供电小区及城中村等民生供电保障薄弱地区。本案例挑选整体负荷水平较高的 Z 市、重过载问题较为突出的 U 地区为例，依托网上电网平台开展"电网诊断—规划编制—成果管理—可研维护—落地评价"等工作，有效支撑开展配电网补短板专项规划工作。

🍃 二、应用详情

（一）补短板规划整体情况

河南公司补短板规划共梳理项目 1.9 万余项（见表 1），投资 A 亿元。

表 1　　　　　　河南公司补短板规划问题情况一览表

问题类型		问题个数
合计		19893
网架结构	单线站	131
	其中：防灾抗灾区域	14
	中压线路无联络	1123
	其中：防灾抗灾区域	133

问题类型		问题个数
供电能力	重过载变电站	480
	重过载中压线路	1872
	重过载配电变压器	13940
装备水平	老旧输电线路	58
	老旧中压配电线	1156
民生保障	老旧小区	34
	单电源小区	68
	城中村	7
	不满足要求重要用户	12
	未通大网电乡镇	0
	不满足要求乡镇	0
	单回路煤改电村	1012

分电压等级来看，110kV 投资 B 亿元，35kV 投资 C 亿元，10kV 投资 D 亿元。

分年度项目来看，2024 年规划项目 2824 项、投资 E 亿元；2025 年规划项目 11367 项、投资 F 亿元；2026 年规划项目 5499 项、投资 G 亿元；2027 年规划项目 163 项、投资 H 亿元。

分问题类型看，规划诊断发现网架结构、供电能力、装备水平、民生保障四大类短板，1.9 万个问题。其中供电能力中的配电变压器、配电线路重过载问题占比约 80%。

（二）运用发展诊断功能，全面诊断电网现状

电网诊断是保障电力系统安全稳定运行、提高电力系统可靠性、降低电力系统运维成本的重要手段。依托网上电网"电网诊断"模块，对辖区内现有设备情况进行初步诊断。

以 U 公司为例，查询配电变压器重过载短板情况。运用"指标看板—电网诊断指标追溯—变电站"，初步筛选分析近一年周期内 U 供电区在运设备平均负载率、最大负载率、重载时长、上翻情况等重要指标。依据初筛清单，针对重载设备使用该功能，批量查询设备历史运行的最大负载率（如图 1、图 2 所示），提出规划项目，提高工作效率。例如，查询 U 市电网 2023 年 110kV HLK 变电站（该站负荷较重、常态化重载较典型）运行情况，可直接调取最大负载

率，判断该变电站 2023 年出现重载（如图 3 所示）。根据"网上电网"数据，规划"河南 U 市 Y 县 LC 110kV 输变电工程"，转移 110kV HLK 变电站部分负荷，解决变电站重载问题。

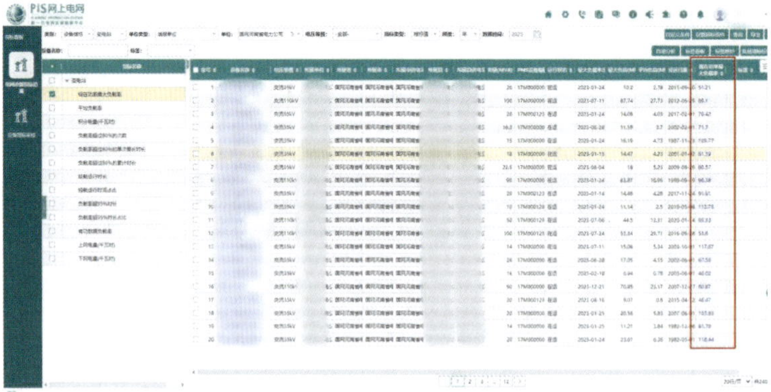

图 1　各变电站负载率

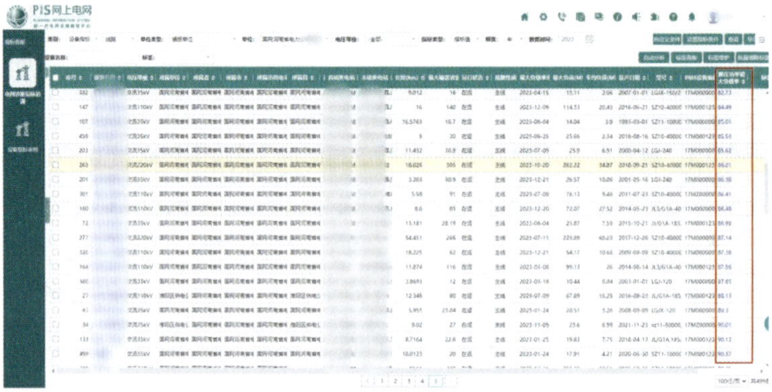

图 2　各输电线路负载率

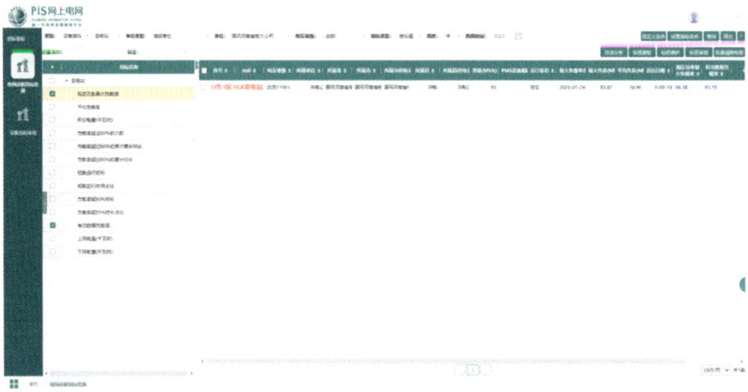

图 3　110kV HLK 变电站 2023 年最大负载率

（三）根据问题明细，精准编制规划项目

在"电网规划—配网规划—规划"模块中。根据"网上电网"平台生成的问题明细，结合现场设备实际情况，进行规划编制工作，完成"项目创建—规划作业—问题校核—投资匡算—里程碑计划—项目确认"，实现规划项目雏形的确定。

以 Z 公司为例，依托平台图形和现场实勘情况，编制"ZJCZ～HM（LH）110kV 线路工程"电网基建项目（如图 4 所示），并通过校验纳入规划库。进一步利用"投资匡算"估算出项目投资规模和金额（如图 5、图 6 所示）。该项目竣工后，将有效解决 LH 站单站单线的问题，优化该区域网架结构。

图 4　规划项目编制

图 5　规划作业

（四）通过规划调整，进行项目调整调出

通过"配网规划—规划—规划调整"模块，对平台中已储备的项目进行二

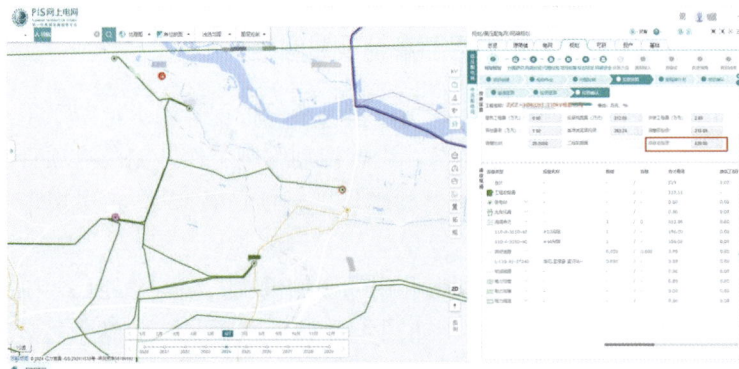

图 6　投资匡算

次校验，审核必要性、可行性、规范性，以及投资金额、变电容量、线路长度
等信息。根据校验结果，开展项目的调整或调出，避免出现必要性不足、规划
不合理等情况，保障精准投资。

以 Z 公司为例，从图中可以看出"ZJCZ～HM（LH）110kV 线路工程"所
有校验均已通过（如图 7 所示）。

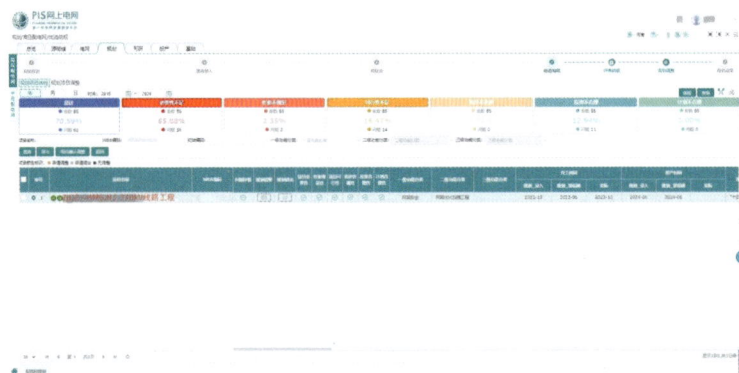

图 7　规划库项目调整

（五）确保信息完整，完成项目纳规

在"配网规划—可研—可研信息"模块中，进行可研报告等资料的上传维
护，支撑后续项目纳入规划。

以 U 公司为例，在配电网"补短板"专项规划中，以"U 市 G 县 WS 110kV
输变电工程"为例，第一步按照电网规划方案完成项目上图（如图 8 所示），
第二步匡算投资使项目与可研标准一致，确保规划精确（如图 9 所示），第三
步进行项目确认，审核项目图形、规模无误后申请纳规（如图 10 所示）。

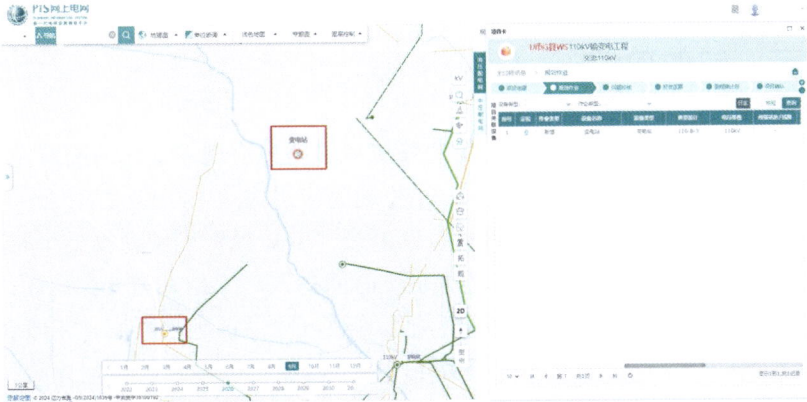

图 8　"补短板"项目上图示例

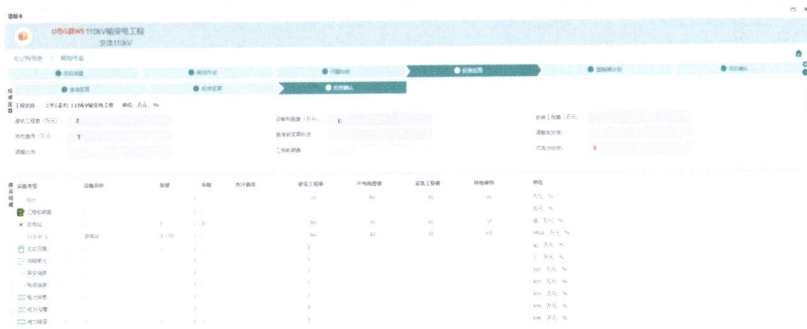

图 9　"补短板"项目投资匡算示例

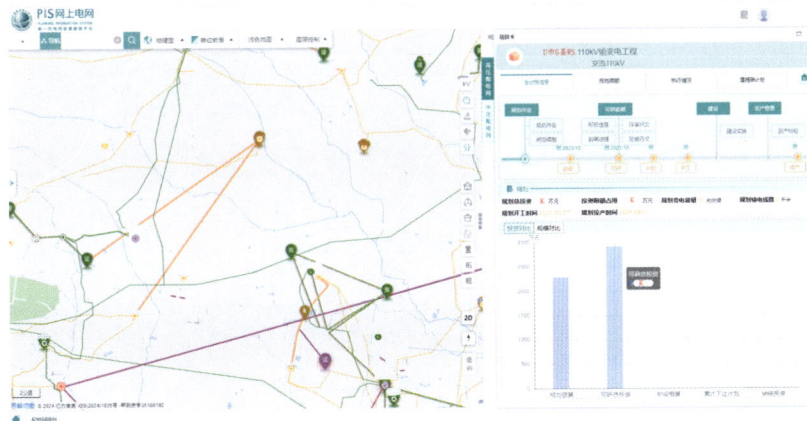

图 10　"补短板"项目确认示例

三、成效总结

该案例通过"网上电网"平台，支撑完成了补短板规划工作的高质量开展，推动项目纳规入库，主要形成以下三个方面的应用成效。一是大幅提升工作效率。"网上电网"平台数据完整准确，从开展"补短板"工作到收集相关数据、完成规划，较传统方式节约 80% 的人员、时间投入。二是有力支撑规划诊断。实时查询配电网现状，了解该地区各电压等级电网设备运行数据，突出现状电网薄弱环节，全方位分析配电网网架结构，支撑补短板项目的电网诊断和必要性等论证。三是全面辅助规划落地。通过电网规划模块有力支撑"补短板"项目电网诊断、上图纳规、调整入库各项流程，项目创建入库实现全流程线上流转。下一步，河南公司将按照总部"不上网上电网不进规划，网上电网说不清楚不下计划"的工作要求，进一步深化应用网上电网平台，支撑各项专项规划工作规范高效开展。

主要完成人：闫　珺　高丽萍　谷明哲　燕少鹏　贾武轩　陈炳杰
常文浩　卢王允　马　忠　丁　浩　张晨宇　蔡姝娆

二、充分调动省内省外两个资源

2. 基于"网上电网"助力 YC 县 HR 新型储能电站建设

🌿 一、背景介绍

在"双碳"目标引领下，YC 县风、光新能源装机持续高速增长，装机规模占比不断提升，对电网发展提出了新的机遇与挑战。为促进新能源大规模发展和消纳，充分发挥新型储能调峰、调频和电力保供等作用，新型储能建设迎来黄金发展期，成为新型电力系统重要支撑。

HR 新型储能电站项目位于 YC 县产业园区，建设规模为 100MW/200MWh，拟采用"磷酸铁锂＋功率变换"配置储能系统，规划 2025 年 9 月投运。为做好储能项目接入系统方案研究及选址选线工作，SQ 公司依托"网上电网"平台，通过配网规划全过程、新型电力系统统计、分布式承载力等模块，翔实掌握区域电源装机、电网运行数据、新能源消纳及输变电设备地理分布等关键信息，统筹开展新能源消纳、电网承载力等多个接入方案比选分析，为优化网架结构、确定最优供源变电站及并网线路廊道提供科学依据。

🌿 二、应用详情

（一）储能电站相关接入点概况

YC 县 100MW/200MWh HR 储能电站，宜采用 110kV 电压等级接入电网。应用"首页—示意图"模块，可显示储能电站场址及周边变电站情况，如图 1 所示。储能电站周边有 220kV RY 变电站、110kV ZL 变电站、110kV YC 变电站、110kV TL 变电站、110kV CJ 变电站、110kV SS 变电站 6 座变电站，属于 220kV RY 变电站和 XH 变电站两个供电区域。

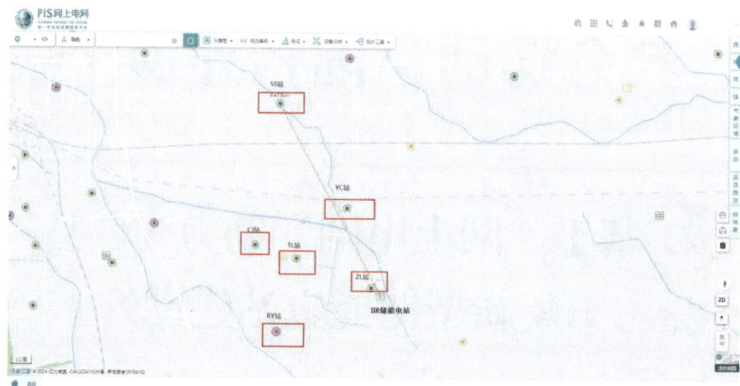

图 1　储能电站与周边变电站相对位置示意图

通过"工具箱—测距"功能，测得 HR 储能电站距离 220kV RY 变 4.8kM，距离 110kV ZL 变电站、YC 变电站、TL 变电站、CJ 变电站、SS 变电站分别为 0.5、4、4.1、6、9.4km。可见储能电站距离 110kV ZL 变电站最近，距离 110kV SS 变电站最远。

（二）负荷特性和电力调峰平衡分析

按照相关接入点所属 220kV RY 变电站、XH 变电站的两类情况，进行负荷特性及电力平衡分析。

1. 220kV RY 变电站

（1）变电站及电源现状。

应用"变电站—查看详情—站内拓扑"模块，显示 220kV RY 变电站主变压器容量为 1×180MVA，110kV 侧主接线为双母线接线，出线规模 8 回，本期出线 6 回，剩余 110kV 间隔充足，如图 2 所示。目前已投运 2 回（Ⅰ YY 线、

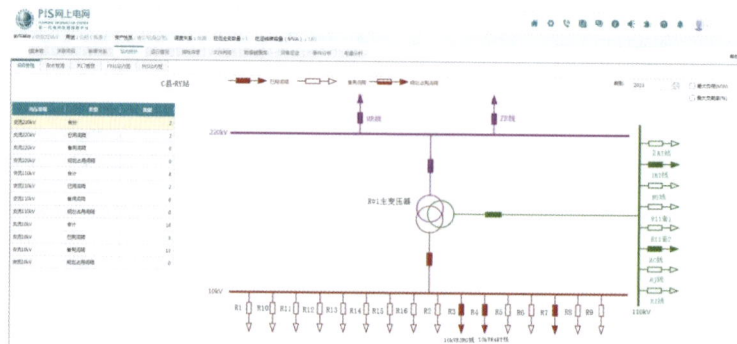

图 2　220kV RY 变电站内拓扑示意图

YC 线），剩余 4 回（MY 线、RJ 线、Ⅱ YY 线、RYZL 线）在建，预计 2025年 6 月投运。

根据区域电网地理接线图及电源接入情况，220kV RY 变电站供电区域未接入集中式新能源电站。应用"统计分析—新型电力系统统计—电源全过程统计"模块，查看电源规划项目，220kV RY 变电站供电区未规划电源项目。

分布式光伏规划方面，受 110kV 线路送出工程未完全投运影响，220kV RY变电站 2025 年预期负荷与现状负荷偏差较大，暂不使用系统中 RY 变电站分布式承载力评估结果。

（2）负荷特性分析。因 220kV RY 变电站相关 110kV 线路送出工程未完全投运，220kV RY 变电站实际负荷影响后续电力平衡分析。为使计算更精准，通过"设备曲线分析—添加设备—叠加分析"功能，将 2024 年 220kV RY 变电站供电系统下的 110kV 变电设备（CJ 变电站、ZL 变电站、YC 变电站、TL 变电站 1 号主变压器）负荷进行叠加分析，如图 3 所示。

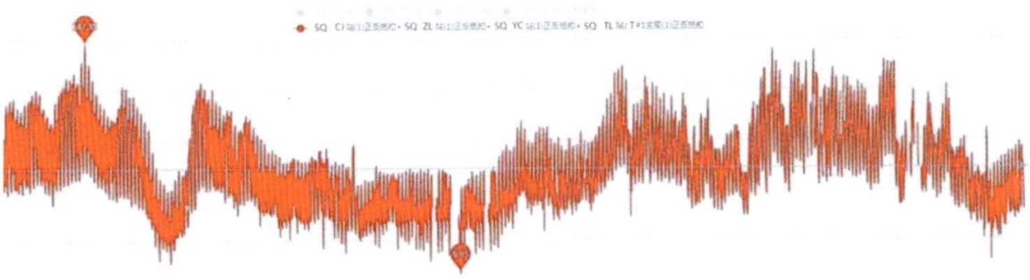

图 3　2024 年 220kV RY 变电站叠加负荷曲线示意图

从负荷叠加数据来看，区域净负荷（净负荷—总负荷—电源出力）特性有明显的冬夏季大、春秋季小的特征，主变压器无上送功率。220kV RY 变电站供电区域未接入集中式新能源电站，RY 变电站 2024 年含分布式电源出力的负荷数据等于净负荷数据，如表 1 所示。

表 1　　　　　2024 年 220kV RY 变电站系统典型日负荷表　　　　　（MW）

季节及负荷类型		时段 1:00～6:00	7:00～11:00	11:00～14:00	18:00～22:00
春季	净负荷	36	53	10	70
	含分布式电源出力的总负荷	36	53	10	70
夏季	净负荷	83	—		139
	含分布式电源出力的总负荷	83	—		139
冬季	净负荷	70			147
	含分布式电源出力的总负荷	70			147

（3）电力调峰平衡分析。HR 储能电站接入电网参与电网调峰，其电力平衡及调峰分析的计算边界条件考虑如下。一是充放电模式和系数。储能电站各季节按照大负荷放电、小负荷充电方式，结合分时电价政策，按春秋季节"两充两放"、夏冬季节"一充一放"模式考虑，充放电系数按 0.95 计算。二是负荷增长系数。2025 年总负荷按照表 1 中负荷值增长 6% 计算。三是电源规划接入。根据图 3 中 220kV RY 变电站叠加负荷曲线，RY 变电站日间小负荷为 9.95MW，分布式光伏出力系数按 0.8，根据《分布式电源接入电网承载力评估导则》（DL/T 2041—2019），预计 2025 年 RY 变电站分布式可开放容量约为 12.4MW，使用此数据作为 RY 变电站分布式光伏规划接入装机。四是新能源出力系数。因总负荷中已含分布式光伏出力，存量分布式光伏不计出力，增量分布式光伏按可开放容量计算，出力系数取 0.8。春秋季风电出力系数取日间 0.6、夜间 0.8。夏冬季节风电出力系数取 0.1。生物质电厂出力系数取 0.8。

2025 年 220kV RY 变电站电力调峰平衡计算结果如表 2 所示，考虑电源出力，2025 年夏冬季节 18:00～22:00 晚高峰时段 RY 变电站主变压器重过载，如表 2 中标红数据，储能放电后可解决主变压器重载问题。2025 年夏冬季节夜间 1—6 时段，考虑 100MW 储能电站 95% 系数充电，RY 变电站主变压器过载，如表 2 中标红数据，考虑 50MW 储能电站 95% 系数充电，RY 变电站主变压器无重载风险。

表 2　　　2025 年 220kV RY 变电站电力调峰平衡计算表　　　（MW）

季节及负荷类型	时段	1:00～6:00/储能充电时段	7:00～11:00/储能放电时段	11:00～14:00时/储能充电时段	18:00～22:00/储能放电时段
春秋季	含分布式电源出力的总负荷	38	57	10	74
	考虑电源出力	38	47	0	74
	考虑 100MW 储能充放电	133	−48	95	−21
	考虑 50MW 储能充放电	86	−1	48	26
夏季	含分布式电源出力的总负荷	88	—	—	147
	考虑电源出力	88	—	—	147
	考虑 100MW 储能充放电	183	—	—	52
	考虑 50MW 储能充放电	135	—	—	100
冬季	含分布式电源出力的总负荷	74	—	—	156
	考虑电源出力	74	—	—	156
	考虑 100MW 储能充放电	169	—	—	61
	考虑 50MW 储能充放电	122	—	—	108

2. 220kV XH 变电站

（1）变电站及电源现状。220kV XH 变电站目前主变压器容量为 1×240MVA，规划 2025 年 12 月扩建 1 台 240MVA 主变压器，110kV 侧主接线为双母线接线，出线规模 10 回，已出线 8 回。

使用"首页—示意图"模块，可以看出 220kV XH 变电站供电区域接入的集中式新能源电站有 4 个，分别为：100MW ATS 光伏电站、50MW KP 风电场、25MW ZS 风电场、20MW MX 风电场，如图 4 所示。

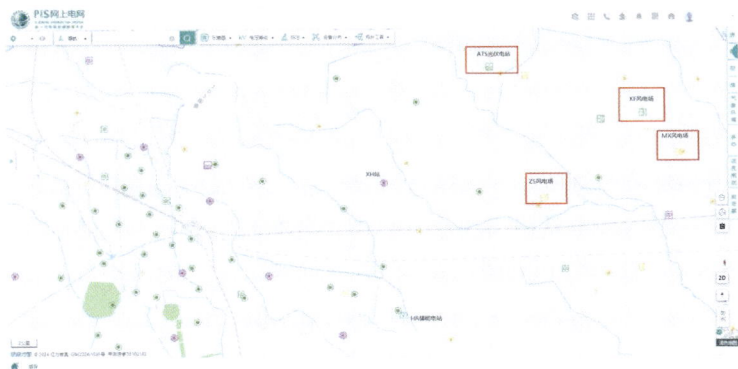

图 4　220kV XH 变电站供电区域集中式电源示意图

采用"统计分析—新型电力系统统计—电源全过程统计"模块，可查询到 220kV XH 变电站供电区内的电源规划项目 1 个，为 100MW GH 风电场，规划 2025 年 6 月接入 110kV JT 变电站。

分布式光伏规划方面，根据"分布式承载力"模块，220kV XH 变电站分布式承载力评估结果为红色（如图 5 所示）。因此，2025 年暂不考虑分布式光伏新增装机。

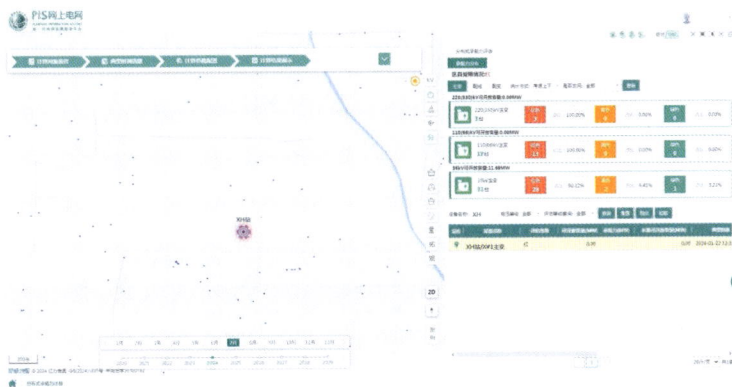

图 5　220kV XH 变电站分布式承载力评估结果示意图

13

（2）负荷特性分析。通过"变电站—运行情况"设备页卡，分析220kV XH变电站2024年净负荷曲线，如图6绿色曲线所示。可以看出受接入电源较多影响，XH变电站主变压器存在长时段上送，夏季XH变电站负荷最大值为205MW，主变重载。

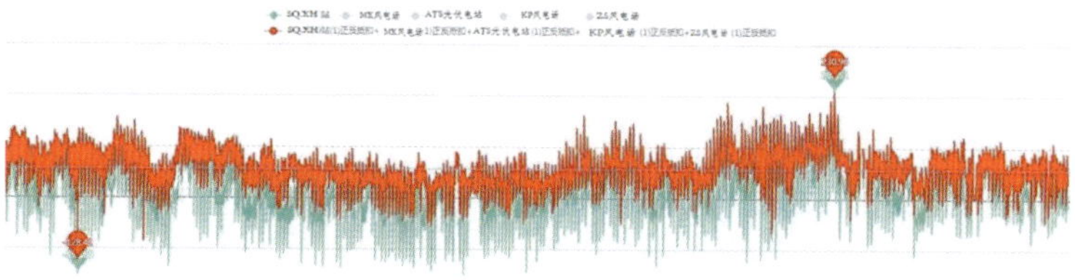

图6 2024年220kV XH变电站负荷曲线示意图

为进一步计算得到XH变电站区域含分布式电源出力的总负荷，叠加ATS光伏等集中式新能源电站出力曲线，得到含分布式电源、不含集中式电源出力的负荷曲线（如图6红色曲线所示）。可以看出XH变电站区域负荷最大值为230.9MW，若此时新能源不出力，XH变电站主变压器接近满载。

根据图6得出XH变电站净负荷和含分布式电源出力的负荷数据如表3所示。

表3　　　　　2024年各季节220kV XH变电站典型日负荷　　　（MW）

季节及负荷类型	时段	1:00～6:00	7:00～11:00	11:00～14:00	18:00～22:00
春秋季	净负荷	−26	−7	−146	47
	含分布式电源出力的总负荷	63	68	−21	72
夏季	净负荷	122	—	—	205
	含分布式电源出力的总负荷	143	—	—	230.9
冬季	净负荷	78	—	—	147
	含分布式电源出力的总负荷	96	—	—	151

（3）电力调峰平衡分析。2025年，220kV XH变电站负荷按照表3中负荷值增长6%计算，其他计算边界条件参照RY变电站，开展220kV XH变电站电力调峰平衡分析，计算结果如表4所示。

表4　　　　　2025年220kV XH变电站电力调峰平衡计算表　　　（MW）

季节及负荷类型	时段	1:00～6:00/储能充电时段	7:00～11:00/储能放电时段	11:00～14:00/储能充电时段	18:00～22:00/储能放电时段
春秋季	含分布式电源出力的负荷	67	72	−20	76
	考虑电源出力	−89	−125	−217	−80

时段 季节及负荷类型		1:00～6:00/ 储能充电时段	7:00～11:00/ 储能放电时段	11:00～14:00/ 储能充电时段	18:00～22:00/ 储能放电时段
春秋季	考虑100MW储能充放电	6	**−220**	**−122**	−175
	考虑50MW储能充放电	−42	**−172**	−169	−127
夏季	含分布式电源出力的负荷	152	—		**242**
	考虑电源出力	132	—		**222**
	考虑100MW储能充放电	**227**			127
	考虑50MW储能充放电	180			175
冬季	含分布式电源出力的负荷	83			156
	考虑电源出力	−73			0
	考虑100MW储能充放电	22			−95
	考虑50MW储能充放电	−26			−48

可以看出，在 XH 变电站第二台主变压器扩建投运前，考虑电源出力，2025年夏季 18:00～22:00 晚高峰时段，XH 变电站主变压器重载，如表 4 中标红数据，储能放电可解决主变压器重载问题。1:00～6:00，考虑 100MW 储能电站95%系数充电，主变压器重载；考虑 50MW 储能电站95%系数充电，主变压器不重载。2025 年春秋季 11:00～14:00，主变压器存在反向重载问题，储能充电可解决主变压器反向重载问题；7:00～11:00，考虑 100MW 储能电站95%系数放电，XH 变电站主变压器存在反向重载问题，考虑 50MW 储能电站95%系数放电，主变压器反向不重载，如表 4 中标红数据。

（三）接入方案比选

根据上文对 220kV RY 变电站和 XH 变电站的负荷特性分析、电力调峰平衡计算结果，可以得出初步结论：一是 220kV RY 变电站在夏冬季节电力缺口较大，2025 年有主变压器重载风险；二是 220kV XH 变电站在夏季存在电力缺口，春秋季电力盈余较大，存在主变压器双向重载风险；三是通过储能电站合理充放电，可解决两站上述问题。

为做好储能站接入系统研究，综合统筹网架结构优化、最优供源变电站、并网线路廊道等目标，结合上文有关内容，提出以下三项接入系统方案。

1. 方案一：接入 110kV ZL 变电站

ZL 变电站 110kV 侧主接线为单母线分段接线，正常方式下 220kV RY 变电站为主供电源，220kV XH 变电站备供，如图 7 所示。

HR 储能电站升压站设置两台 110kV 主变压器，出线 2 回，1 回接入 110kV

ZL 变电站北母备用间隔（220kV XH 变电站供电段），新建线路长度 0.7km，导线截面 400mm²，另 1 回接入 110kV ZL 变电站南母备用间隔（220kV RY 变供电段），新建线路长度 0.7km，导线截面 400mm²，同步完善 ZL 变电站 110kV 分段间隔，通过"统计分析—新型电力系统统计—设备统计—设备集成—GIS 图形管理—统计上图"，绘制接入系统方案图，如图 8 所示。

图 7　110kV ZL 变电站主接线示意图

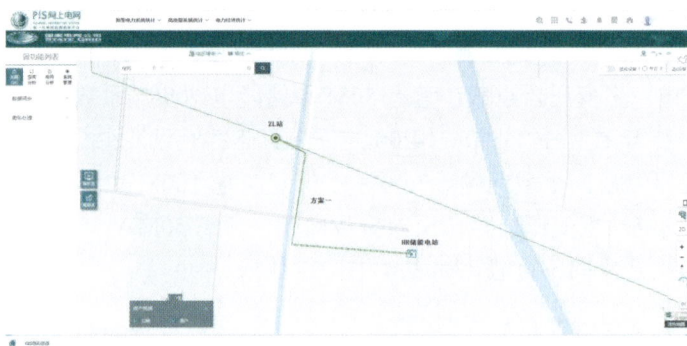

图 8　储能电站拟订接入系统方案一示意图

该方案正常运行方式下，ZL 变电站 110kV 侧分列运行，储能电站 110kV 侧分列运行，其中 50MW/100MWh 接入 220kV XH 变电站系统，另外 50MW/100MWh 接入 220kV RY 变电站系统。查看 ZL 变电站 110kV XZ 线、YZ 线线路设备型号及输送容量，通过校核计算，能满足 HR 储能电站接入需求。

查看储能电站送出路径图，如图 9 所示。此方案接入 110kV ZL 变电站路径较短，无钻越、跨越电力线路，路径方案难度小，实施性较高。

2. 方案二：接入 220kV RY 变电站

HR 储能电站升压站设置 1 台 110kV 主变压器，出线 1 回接入 220kV RY 变电站 110kV 备用间隔，新建架空线路长度约 6.4km，导线截面 2×240mm²，如图 10 所示。

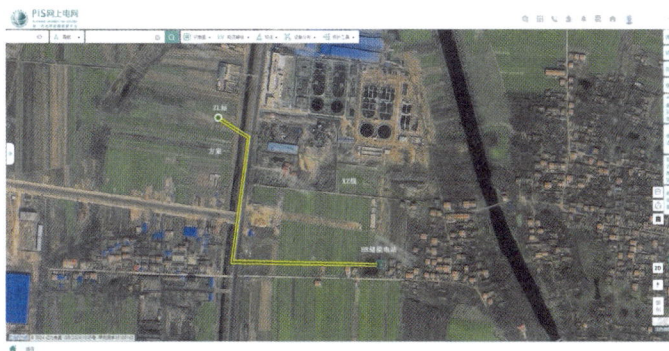

图 9　储能电站接入系统方案一线路路径示意图

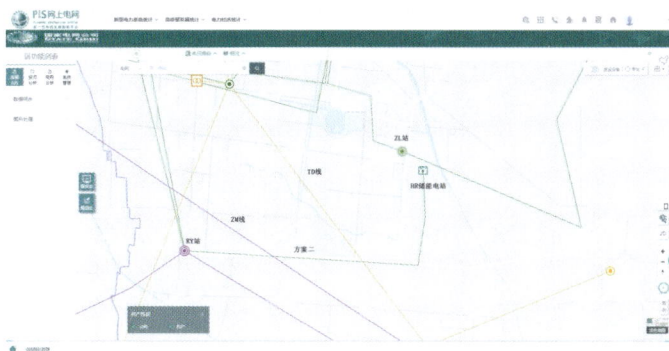

图 10　储能电站拟订接入系统方案二示意图

从方案二路径示意图 11 可以看出，接入 220kV RY 变电站路径长度 6.4km，需跨越 1 条 35kV 线路、钻越 1 条 220kV 线路，路径选取协调难度较大。

图 11　储能电站接入系统方案二线路路径示意图

3. 方案三：接入 110kV SS 变电站

SS 变电站 110kV 侧主接线为单母线分段接线，正常方式下 220kV XH 变电站为主供电源。HR 储能电站升压站设置 1 台 110kV 主变压器，出线 1 回接入 110kV SS 变电站 110kV 备用间隔，新建架空线路长度约 12.5km，导线截面 $2 \times 240mm^2$，如图 12 所示。

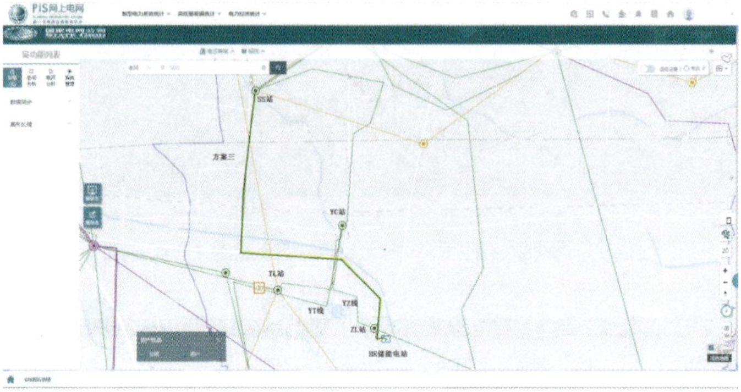

图 12　储能电站接入系统方案三示意图

从方案三路径示意图 13 可以看出，接入 110kV SS 变电站路径长度 12.5km，需跨越 1 条河流、钻越 2 条 110kV 线路，部分路径需电缆敷设，路径选取协调难度较大。

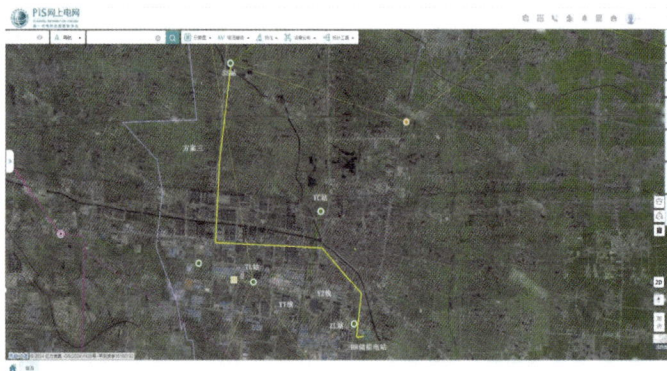

图 13　储能电站接入系统方案三线路路径示意图

（四）技术经济比较

通过"配网规划—规划—高压配电网—网架安全"模块，利用"搜索项目—规划作业—投资匡算"功能，对方案一、方案二、方案三线路送出工程进行投资匡算，如图 14～图 16 所示，投资费用对比如表 5 所示，从投资来看，方案一投资较少。

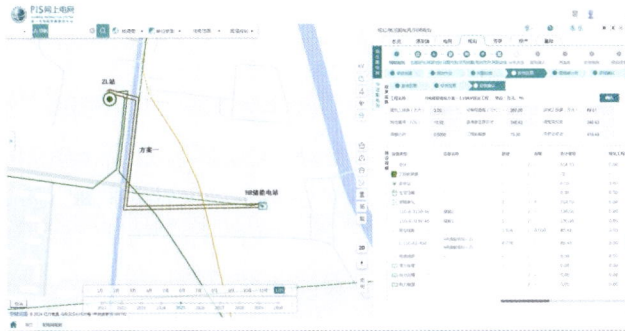

图 14　储能电站接入系统方案一投资匡算示意图

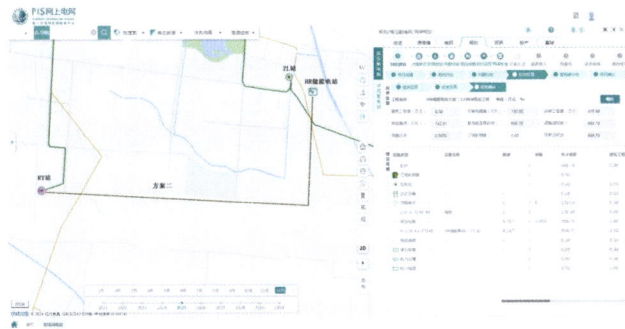

图 15　储能电站接入系统方案二投资匡算示意图

图 16　储能电站接入系统方案三投资匡算示意图

表 5　　　　　　　　　投 资 费 用 比 较 表

方案	方案一	方案二	方案三
接入站点	110kV ZL 变电站	220kV RY 变电站	110kV SS 变电站
并网回路数	2	1	1
并网架空线路长度（km）	1.5	6.4	12.5
间隔（个）	2	1	1
投资（万元）	418	688	1052

从储能电站接入后对电网作用来看,方案一可同时解决 220kV RY 变电站及 220kV XH 变电站存在的主变重过载、新能源消纳问题,充分发挥储能电站"削峰填谷"作用。方案二仅能改善 220kV RY 变电站重载问题。方案三仅能改善 220kV XH 变电站主变压器重载问题。同时方案二、方案三在夏季 1:00～6:00 储能电站全容量充电方式下存在 220kV 主变压器重过载问题,储能电站需结合负荷情况、运行方式限制充电功率。

从储能电站并网线路可实施性来看,方案一接入 110kV ZL 变电站路径选择较容易,可实施性较高,方案二接入 220kV RY 变电站路径存在钻越跨越电力线路,可实施性较差,方案三接入 110kV SS 变电站路径存在钻越跨越电力线路及河道,可实施性较差,同时线路较长,经济性较差。

综上,将方案一作为储能站接入系统推荐方案。即:HR 储能电站升压站拟出线 110kV 线路 2 回,分别接入 110kV ZL 变电站南母、北母备用间隔,新建线路长度 1.5km,导线截面 400mm^2,同步完善 ZL 变电站 110kV 分段间隔。

🍃 三、成效总结

本案例借助"网上电网"支撑完成 HR 新型储能站规划研究和接入系统方案比选论证。一是提升了多专业数据融合应用水平。通过多源异构数据集成和图数一体化展现,全景在线分析源网荷储等信息,转变了人工线下从 D 5000、PMS、营销等系统获取和校核数据的传统工作方式,大幅降低基层工作复杂度和强度,显著提高工作效率。二是提升了在线规划辅助研究水平。通过配网规划全过程、新型电力系统统计、分布式承载力等功能支撑,运用电源装机及规划、运行曲线叠加、分布式容量测算等关键数据,完成储能站接入区域的负荷特性和电力调峰平衡分析,明确了区域供需情况和储能调峰效能。三是提升了图上规划作业支撑水平。综合运用卫星、地理、交通等多种规划专题图层,降低对现场踏勘等依赖,线上辅助并网线路廊道等分析。图上作业完成投资匡算,服务多个接入系统方案技术经济比选,确定储能电站最优接入点,打造了支撑新型储能电站规划建设的典型应用,是建设新型电力系统的落地实践,具有很好的推广示范价值。

主要完成人:张　迪　郑　伟　李莉杰　吕莉源
　　　　　　高　方　李元涛　田壮梅

三、滚动分析供需平衡形势

3. 依托分时电价调整政策提升需求侧
响应能力助力保供电

一、背景介绍

　　分时电价是价格型需求响应的一种形式，是指根据电网的负荷变化情况，将每天24h划分为尖峰、高峰、平段、低谷、深谷等多个时段，对各时段分别制定不同的电价水平，通过价格杠杆作用引导用户合理用电，缩小电网的峰谷差，缓解电力供需矛盾，促进可再生能源消纳，实现资源的合理配置。

　　2024年6月1日起，河南省工商业峰谷分时电价进行调整，进一步优化电力资源的分配和使用。在这样的背景下，W市积极对接客户，宣传电价调整政策，依托网上电网平台，对用户的负荷曲线进行分析，动态研判电价调整对电网的影响，支撑需求侧响应能力提升，更好地发挥分时电价在引导用户错峰用电、缓解电力保供压力方面的积极作用。

二、应用详情

（一）新版分时电价调整情况

　　本次河南省工商业峰谷分时电价调整（见图1），进一步完善分时电价，有利于引导用户在电力系统低谷时段多用电，促进新能源的发展和消纳。具体包括三个方面：一是对午间电价进行调整。对原10:00～14:00的高峰、尖峰时段，调整为平段。对3～5月、9～11月的11:00～14:00，进一步调整为低谷时段。二是晚间低谷时段后移。从原来的23:00起，调整为0:00起。三是增加尖峰时段。对7、8月的20:00～23:00，调整为尖峰时段。对1、12月的17:00～19:00，调整为尖峰时段。

具体到 6 月，原高峰时段为 10:00～14:00，17:00～21:00，其余时间为平段。调整后，6 月最大变化为中午高峰时段取消，16:00～24:00 全部为高峰时段，晚上低谷时段推迟至 0:00 之后。

峰谷时段调整方案及对比情况表

时间	原			2024 年 6 月新电价政策			
	2～6 月 9～11 月	1 月 12 月	7 月 8 月	7 月 8 月	1 月 12 月	2 月 6 月	3～5 月 9～11 月
0 时～1 时	低谷	低谷	低谷	低谷	低谷	低谷	低谷
1 时～2 时	低谷	低谷	低谷	低谷	低谷	低谷	低谷
2 时～3 时	低谷	低谷	低谷	低谷	低谷	低谷	低谷
3 时～4 时	低谷	低谷	低谷	低谷	低谷	低谷	低谷
4 时～5 时	低谷	低谷	低谷	低谷	低谷	低谷	低谷
5 时～6 时	低谷	低谷	低谷	低谷	低谷	低谷	低谷
6 时～7 时	低谷	低谷	低谷	低谷	低谷	低谷	平段
7 时～8 时	平段	平段	平段	平段	平段	平段	平段
8 时～9 时	平段	平段	平段	平段	平段	平段	平段
9 时～10 时	平段	平段	平段	平段	平段	平段	平段
10 时～11 时	高峰	高峰	高峰	平段	平段	平段	平段
11 时～12 时	高峰	高峰	高峰	平段	平段	平段	低谷
12 时～13 时	高峰	高峰	尖峰	平段	平段	平段	低谷
13 时～14 时	高峰	高峰	尖峰	平段	平段	平段	低谷
14 时～15 时	平段	平段	平段	平段	平段	平段	平段
15 时～16 时	平段	平段	平段	平段	平段	平段	平段
16 时～17 时	平段	平段	平段	高峰	高峰	高峰	高峰
17 时～18 时	高峰	高峰	高峰	高峰	尖峰	高峰	高峰
18 时～19 时	高峰	尖峰	高峰	高峰	尖峰	高峰	高峰
19 时～20 时	高峰	高峰	高峰	高峰	高峰	高峰	高峰
20 时～21 时	高峰	高峰	尖峰	尖峰	高峰	高峰	高峰
21 时～22 时	平段	平段	平段	尖峰	高峰	高峰	高峰
22 时～23 时	平段	平段	平段	尖峰	高峰	高峰	高峰
23 时～24 时	低谷	低谷	低谷	高峰	高峰	高峰	高峰
时段比	峰（含尖）:平:谷=8:8:8			峰（含尖）:平:谷=8:9:7			峰（含尖）: 平:谷=8:7:9
价比	高峰:平:谷= 1.64:1:0.41	尖峰:高峰:平:谷= 1.968:1.71:1:0.47		尖峰:高峰:平:谷=2.064:1.72:1:0.45			

图 1 电价调整表

（二）典型日负荷总体曲线情况

在电价调整之前，W 市全网用电最大负荷一般出现在凌晨（23:00～次日 3:00），最小负荷一般出现在正午（11:00～13:00），日峰谷差率平均值 34%，日平均负荷率❶85.21%。以 5 月 22 日（周三，晴，19～33℃）为例，最大负荷 1310MW，出现时刻为 22:34，最小负荷 705MW，出现时刻为 12:38，负荷峰谷差❷605MW，峰谷差率 45.49%，日负荷率 84.95%。如图 2 所示。

图 2　典型日 5 月 22 日负荷曲线

在电价调整之后，负荷曲线出现明显变化。W 市全网用电最大负荷出现时间推迟（0:40～3:45），最小负荷出现时间基本不变（11:00～13:00），日峰谷差率 22%，峰谷差减少，日平均负荷率 88%，平均负荷率增加，负荷曲线波动性下降。以 6 月 7 日（周五，晴，20～34℃）为例，最大负荷 1320MW，出现时刻为 3:45，最小负荷 720MW，出现时刻为 13:18，负荷峰谷差 600MW，峰谷差率 45.35%，日负荷率 88.32%。如图 3 所示。

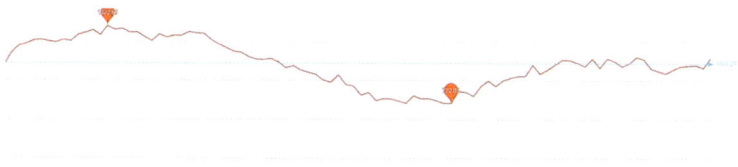

图 3　典型日 6 月 7 日负荷曲线

（三）重点用户情况

前十大用户中，W 市 FS 公司、W 市 GT 公司、W 市 YG 公司（锌业部分）已明确采取措施调整生产时间，其余用户未明确表示调整生产时间（注：W 市 YG 公司包括锌业和铅业两部分，因生产方式不同，拆分进行分析。因此，后续实际分析为 11 家企业）。

1. 连续生产，负荷稳定，不响应电价调整

W 市 LC 公司、W 市 TG 公司、W 市 FSK 公司、W 市 JM 公司 4 家企业均为连续生产企业，由于行业特性，生产周期有固定的工序和用能要求，无法

---

❶ 日平均负荷率=日平均负荷/日最大负荷

❷ 负荷峰谷差=最大负荷－最小负荷

调整用电负荷，电力负荷曲线相对稳定，不能响应电价调整政策。典型负荷曲线如图 4～图 7 所示。

图 4　W 市 LC 公司 6 月 1 日负荷曲线（负荷极为稳定）

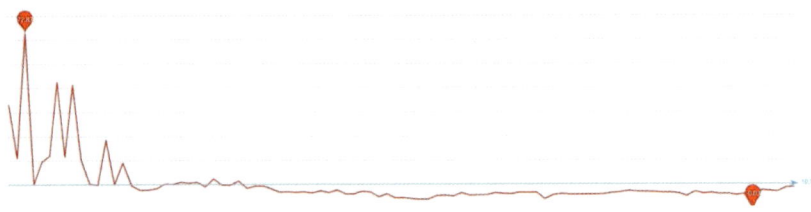

图 5　W 市 TG 公司 6 月 11 日负荷曲线（除冲击负荷外，负荷稳定）

图 6　W 市 FSK 公司 6 月 7 日负荷曲线（低压侧有光伏，除正午外均较为稳定）

2. 不连续生产，负荷可调，积极响应电价调整

W 市 GT 公司、W 市 YG 公司（锌业部分）、W 市 FS 公司、W 市 JX 公司 4 家企业生产周期较短，生产不连续。分析负荷曲线，可看出：正午负荷不下降、晚间负荷推迟至 0:00 后再上升，说明该类企业积极响应电价调整，主要用电时间保持在平、谷段。典型负荷曲线如图 8～图 11 所示。

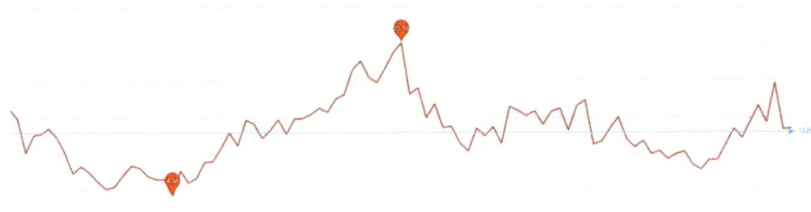

图 7　W 市 JM 公司 6 月 6 日负荷曲线（负荷高低与工作时间有关，与电价无关）

图 8　W 市 GT 公司 6 月 9 日负荷曲线（中压侧有光伏，
午间负荷不下降；晚间负荷推迟上升）

图 9　W 市 YG 公司（锌业部分）6 月 9 日负荷曲线（晚间负荷推迟上升）

图 10　W 市 FS 公司 6 月 8 日负荷曲线（响应电价调整政策，
满负荷生产优化调整到电价低谷和平段）

图 11　W 市 JX 公司 6 月 7 日负荷曲线（晚间负荷推迟上升）

3. 连续生产，负荷不稳定，不响应电价调整

分析 W 市 YG 公司（铅业部分）、W 市 JQ 公司两家企业均为铅生产企业，其生产环节多，可分为富集焙烧、粗制精炼等环节，每个阶段负荷不同，无法响应电价调整政策。典型负荷曲线如图 12 和图 13 所示。

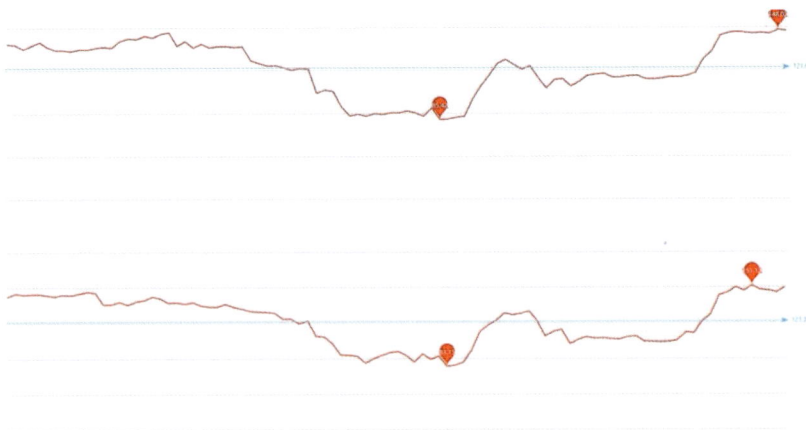

图 12　W 市 YG 公司（铅业部分）5 月 22 日（上）、6 月 9 日（下）负荷曲线

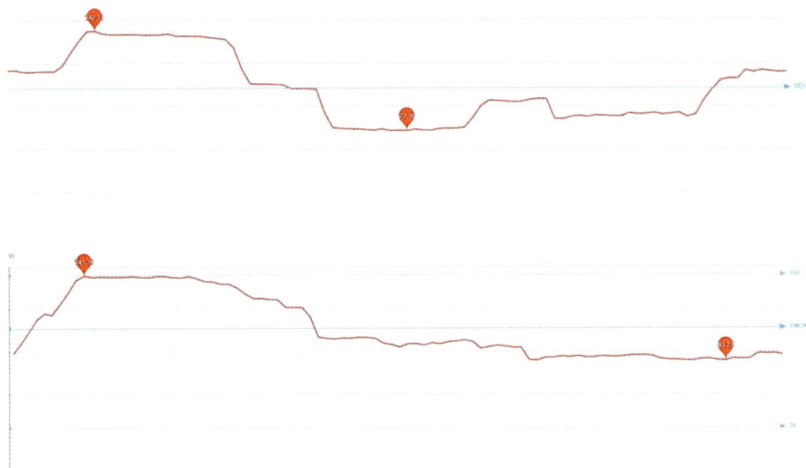

图 13　W 市 JQ 公司 5 月 22 日（上）、6 月 9 日（下）负荷曲线

（四）提升需求侧响应能力

电价调整前，W 市共签约需求响应用户 20 户，晚高峰时段共签约负荷 11 万 kW，具体情况见表 1。

表 1　2024 年签约需求响应用户情况　（kW）

序号	户名	运行容量	晚峰签约量一（夏）
1	W 市 ZS 公司	25000	5000
2	河南省 W 市 JQ 公司	126000	30000
3	W 市 FS 公司	22000	8000

续表

序号	户名	运行容量	晚峰签约量一（夏）
4	W 市 QG 公司	4500	4500
5	W 市 YB 公司	3410	3000
6	W 市 YZ 公司	1750	1500
7	W 市 SY 公司	3510	1900
8	W 市 XF 公司	2820	1600
9	W 市 GK 公司	1000	500
10	W 市 RC 公司	3160	1000
11	W 市 HT 公司	160（2910 合同）	2500
12	W 市 JSF 公司	2510	1000
13	W 市 HSG 公司	3050	1000
14	W 市 LTQ 公司	880	500
15	W 市 MJ 公司	800	500
16	河南省 W 市 LC 公司（PT 线）	163000	33500
17	W 市 YY 公司	4500	1500
18	W 市 FYJ 公司	10430	5000
19	W 市 FTF 公司	10530	3000
20	W 市 LK 公司	5200	4500
合计		394210	110000

电价调整后，需要对签署需求响应合同的用户负荷进行分析，了解其电价调整后，确定实际的负荷响应能力。选取三个典型企业，如下（根据实际情况调整该段位置）。

1. 典型企业一：W 市 RC 公司

6 月 1 日后，W 市 RC 公司未按照新电价规则安排生产，每日 22:00 左右至次日 7:00，未根据电价调整情况调整生产时间，生产方式与 5 月基本一致，月最大负荷 2250kW，签约负荷响应能力 1000kW，20 点后负荷高于 1000kW，预计响应能力为 1000kW，从 5 月和 6 月负荷对比来看，该用户未按照电价政策调整生产时间，仍按照原生产时间进行生产，若按新电价政策调整生产时间，则该用户无负荷响应能力。负荷曲线如图 14～图 16 所示。

图 14　W 市 RC 公司 5 月 21 日负荷曲线

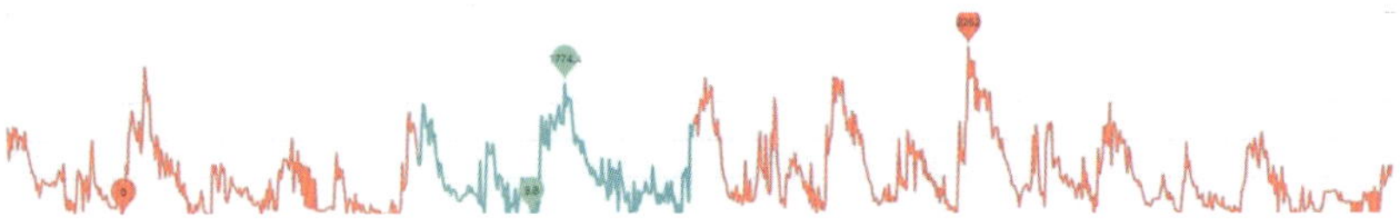

图 15　W 市 RC 公司 6 月 1 日至 10 日负荷曲线

图 16　W 市 RC 公司 6 月 4 日负荷曲线

2. 典型企业二：W 市 SY 公司

6 月 1 日后，W 市 SY 公司负荷稳定，负荷曲线与 5 月无太大变化，负荷相对稳定，如图 17～图 19 所示，月最大负荷 1680kW，平均负荷 1140kW，签约负荷响应能力 1900kW，预计响应能力为 1140kW，从 5 月和 6 月负荷对比来看，该用户电价调整后，具有负荷响应能力。

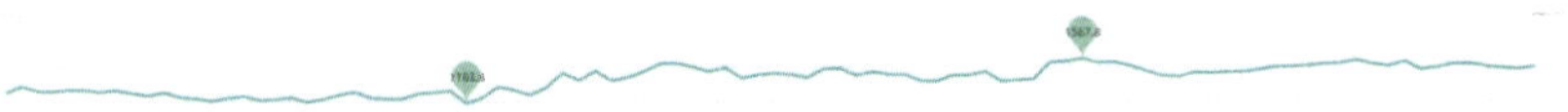

图 17　W 市 SY 公司 5 月 21 日负荷曲线

图 18　W 市 SY 公司 6 月 1～10 日负荷曲线

图 19　W 市 SY 公司 6 月 7 日负荷曲线

3. 典型企业三：W 市 XF 公司

6 月 1 日后，W 市 XF 公司负荷稳定，负荷曲线与 5 月无太大变化，负荷相对稳定，如图 20～图 22 所示，月最大负荷 1975kW，平均负荷 1490kW，签约负荷响应能力 1600kW，预计响应能力为 1490kW，从 5 月和 6 月负荷对比来看，该用户电价调整后，仍具有负荷响应能力。

图 20 W 市 XF 公司 5 月 22 日负荷曲线

图 21 W 市 XF 公司 6 月 1~10 日负荷曲线

图 22 W 市 XF 公司 6 月 7 日负荷曲线

参照上述典型企业分析方法，对其余企业分析后，总体来看，预计实际可执行响应的负荷为 7.2 万 kW。2024 年签约需求响应用户测算情况见表 2。

表 2　　　　　　　　2024 年签约需求响应用户测算情况　　　　　　（kW）

序号	户名	晚峰签约量	测算量	严格执行电价政策后测算量
1	W 市 ZS 公司	5000	0	0
2	河南 W 市 JQ 公司	30000	30000	30000
3	W 市 FS 公司	8000	0	0
4	W 市 QG 公司	4500	0	0
5	W 市 YB 公司	3000	2170	2170
6	W 市 YZ 公司	1500	1500	0
7	W 市 SY 公司	1900	1140	1140
8	W 市 XF 公司	1600	1490	1490
9	W 市 GK 公司	500	430	430
10	W 市 RC 公司	1000	1000	0
11	W 市 HT 公司	2500	2000	0
12	W 市 JSF 公司	1000	0	0
13	W 市 HSG 公司	1000	0	0
14	W 市 LTQ 公司	500	270	270
15	W 市 MJ 公司	500	0	0
16	河南省 W 市 LC 公司	33500	33500	33500

续表

序号	户名	晚峰签约量	测算量	严格执行电价政策后测算量
17	W 市 YY 公司	1500	0	0
18	W 市 FYJ 公司	5000	0	0
19	W 市 FTF 公司	3000	3000	3000
20	W 市 LK 公司	4500	4500	0
	合计	110000	81000	72000

综上分析，可以看出，电价调整后，预计实际可执行响应的负荷由 11 万 kW，降低为 7.2 万 kW，约占 W 市最大负荷的 5%，需求响应能力存在不足，需进一步挖掘用户潜力，推广调整后的峰谷分时电价政策和需求响应政策，提升电网安全性。

三、成效总结

W 市针对河南省工商业分时电价调整的工作背景，依托"网上电网"负荷监测功能，电价政策对需求侧响应能力影响情况的分析和测算。一是完成了分时电价时段分析。进一步明确了政策细节和执行时间，动态研判电价调整对电网的影响。二是完成了重点企业分类分时电价的运行曲线响应分析。多数用户积极响应电价调整，重新安排生产时间，对电网总体负荷、电网负荷需求响应产生了较大影响。三是开展了需求侧能力提升研判分析。合理计算用户真实需求响应能力，得出实际的负荷响应能力为 7.2 万 kW，降低 3.47 万 kW，为全市度夏保供提供了精准的数据支撑。

下一步，W 市将积极与企业沟通，充分考虑本地电力供需状况、用电负荷特性，引导企业用户尽量在高峰时段少用电、低谷时段多用电，从而保障电力系统安全稳定运行，提升系统整体利用效率、降低用电成本。

主要完成人： 朱明嘉　王　坤　柴　喆　牛成玉　王　静
　　　　　　　贺　远　张青峰　赵阳阳

四、服务新能源健康可持续发展

4. 分布式承载力逐级分析及典型反向重过载配电变压器治理

一、背景介绍

在国家"双碳"发展目标和光伏快速推进的政策引领下，X 市 Z 县分布式光伏发电项目呈现蓬勃发展态势。合理优化分布式光伏项目发展布局，引导分布式光伏规模化有序接入，积极开展反向重过载配电变压器治理成为一项重要任务。2024 年 Z 县新能源用户 9202 户，总容量 36.77 万 kW。Z 县境内现有配电变压器 5246 台，其中 1927 台出现反向送电情况，占比 36.7%，161 台出现反向重过载情况，占比 3.07%。Z 县公司借助"网上电网"平台，快速分析、有效解决设备反向重过载问题，适应分布式光伏装机容量快速增长的态势。

二、应用详情

（一）主要判别原则

依据《分布式电源接入电网承载力评估导则》（DL/T 2041—2019），按照以下情况判断分布式光伏承载力级别：

（1）220kV 主变压器。未出现上翻，评级为绿色；出现上翻，但不考虑接入 110kV 的集中式新能源出力后，不上翻评定为黄色；不考虑接入 110kV 的集中式新能源出力，仍出现上翻，评级为红色。

（2）110/35kV 主变压器。未出现上翻评级为绿色；出现上翻，但未出现反向重过载评级为黄色；出现反向重过载或上级主变压器评级为红色。

（3）10kV 配电变压器。未出现上翻评级为绿色；出现上翻，但未出现反向重过载评定为黄色；出现反向重过载或上级主变压器评级为红色。

根据导则得知，测算原理是：首先，根据断面确定变电站上下关系和归属。然后，依据变电站负荷曲线、数值确定测算时间内是否存在上翻，以及上翻是否导致主变压器、线路、配电变压器重过载。最后，根据源网荷储设备统计等，明确电源关联、分布式电源明细。

（二）分析配电变压器反向送电概况

利用"电网诊断"模块，统计展现全县10kV配电变压器反向负载信息。具体路径为：首页—电网规划—配网规划—电网—诊断—核对—配电变压器—运行。Z县配电变压器明细如图1所示。

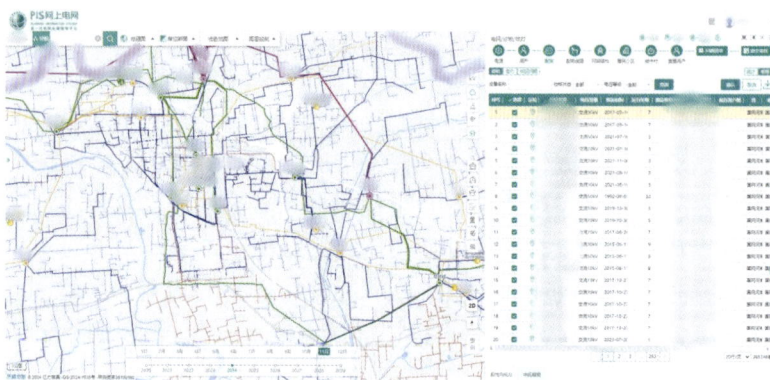

图1　Z县配电变压器明细图

由此可知，Z县现有配电变压器5000台，其中2000台出现反向送电情况，占比40%。100台出现反向重载情况，占比2%。60台出现反向过载情况，占比1.2%。

下面以10kV HXZ 5号台区为例进行分析。

1. 10kV 配电变压器分析

通过站内拓扑图（见图2），确认10kV HXZ 5号台区上级电源归属。具体路径为：首页—公共应用—基础资源—电网—配电变压器—配电变压器名称—HXZ 5号台区。

查询档案可知，10kV HXZ 5号台区所属线路为10kV JY I 线，额定容量为200kVA（见图3）。查询运行曲线可知，近1年10kV HXZ 5号台区负荷曲线出现反向送电情况，其中最大负荷为150kW，负载率为75%，最小负荷为−240kW，负载率为−120%，构成反向过载（见图4）。综上可知，10kV HXZ 5号台区出现分布式光伏反向过载情况，分布式光伏承载力评级为红色。

图 2　10kV HXZ 5 号台区站内拓扑图

图 3　10kV HXZ 5 号台区档案情况图

图 4　10kV HXZ 5 号台区运行情况图

2. 10kV 线路分析

通过查询档案参数（见图 5），确认 10kV JY Ⅰ 线的所属变电站为 110kV GH 变电站，最大允许电流为 550A。具体路径为首页—公共应用—基础资源—电网—配线—线路名称—10kV JY Ⅰ 线。

图5　10kV JYⅠ线档案参数图

查询运行曲线可知，近1年10kV JYⅠ线负荷曲线出现反向送电情况，其中最大负荷为4.5MW，负载率为50%，未构成重载，最小负荷为-1MW，负载率为-11%。综上可知，10kV JYⅠ线出现分布式光伏反送电情况，但未出现反向重过载，判定该线路供电范围承载力评级为黄色。

3. 110kV变电站分析

查询站内拓扑和档案，确认10kV线路及主变压器上级电源归属和容量等信息（见图6、图7）。由拓扑查询可知，110kV GH变电站进线2条，为110kVⅠ ZG线和Ⅱ ZG线，上级电源为220kV WZ变电站。由档案查询可知，配置主变压器2台，容量均为50MW，带有10kV线路15条，无新能源负荷。具体路径为首页—公共应用（点击穿透）—基础资源—电网—变电站—变电站名称—X市.Z县.GH变电站。

图6　110kV GH变电站档案参数图

查询运行曲线可知，近1年GH变电站负荷曲线未出现反向送电情况，其中最大负荷为58MW，负载率为58%，未构成重载，最小负荷为4MW，负载率为 4%（见图 8）。综上可知，110kV GH 变电站未出现分布式光伏反送电情况，判定该站供电范围承载力评级为绿色。

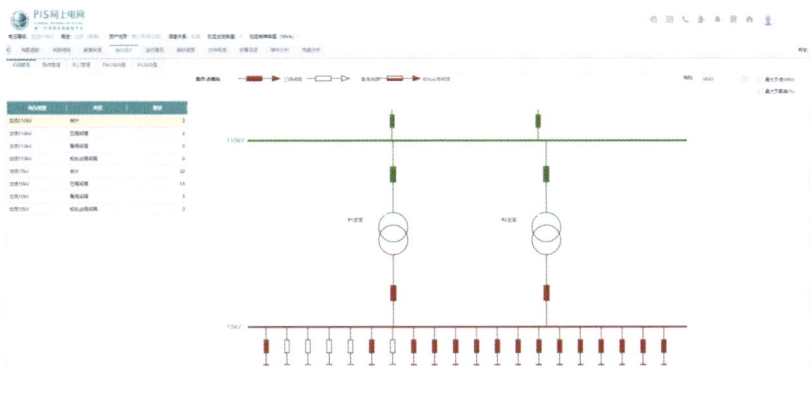

图 7　110kV GH 变电站站内拓扑图

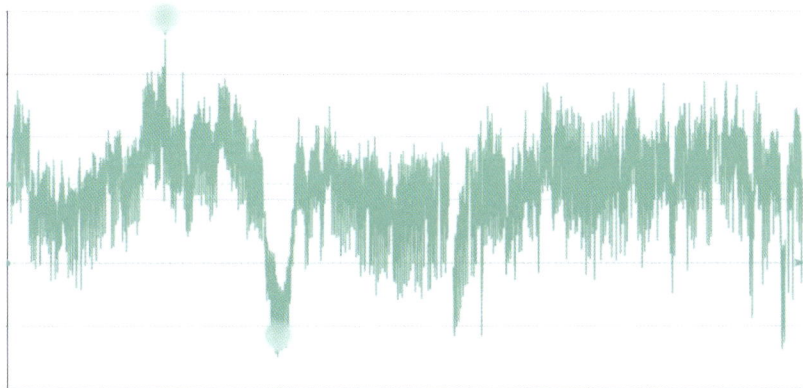

图 8　110kV GH 变电站运行情况图

4. 220kV 变电站分析

查询站内拓扑和档案，确认 110kV 变电站上级电源归属和容量等信息（见图 9～图 11）。由档案查询可知，220kV WZ 变电站有主变压器 2 台，容量均为 180MVA，带有 110kV 公用变电站 5 座（YC 变电站、GH 变电站、ML 变电站、XG 变电站和 XZ 变电站），无新能源负荷。具体路径为首页—公共应用—基础资源—电网—变电站—变电站名称—X 市.WZ 变电站。

查询运行曲线可知，近 1 年 WZ 变电站负荷曲线未出现反向送电情况，其中最大负荷为 250MW，负载率为 69%，未构成重载，最小负荷为 7MW，负载率为 2%（见图 11）。综上可知，220kV WZ 变电站未出现分布式光伏反送电情况，判定该站供电范围承载力评级为绿色。

图 9　X 市.WZ 变电站档案参数图

图 10　X 市.WZ 变电站站内拓扑图

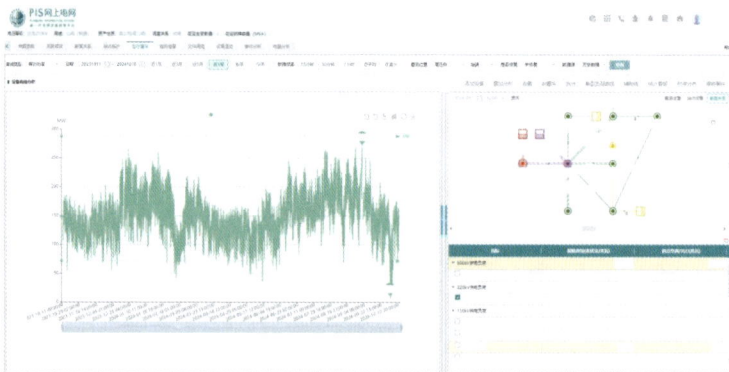

图 11　X 市.WZ 变电站运行情况图

综上所述，按照《分布式电源接入电网承载力评估导则（DL/T 2041—2019）》，结合分布式光伏承载力级别判定规则，可得出结论：2024 年第二季度，Z 县 110kV GH 变电站未出现分布式光伏反送电情况，分布式光伏承载力评级为绿色。10kV HXZ 5 号台区出现分布式光伏反向过载情况，分布式光伏承载力评级为红色。10kV JY I 线出现分布式光伏反送电情况，但未出现反向重过载，判定该线路供电范围承载力评级为黄色。

（三）10kV HXZ 5 号台区反向过载治理

在"配电网规划"模块中，利用定位功能，查找 10kV HXZ 5 号台区的地理位置（见图 12）。可以看出，5 号台区所属村落共有 7 台变压器，其中 5 台为配电变压器，2 台为专用变压器。

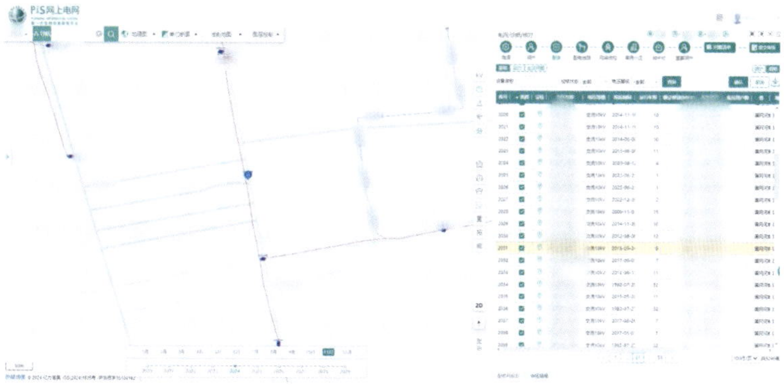

图 12　HXZ 村地理图

分析 5 台配电变压器情况可知，从 2023 年 10 月～2024 年 10 月，HXZ 1号台区额定容量为 400kVA，正向负载率为 24%，反向负载率为 45%。2 号台区额定容量为 50kVA，正向负载率为 117%，反向负载率为 0%。3 号台区额定容量为 200kVA，正向负载率为 80%，反向负载率为 64%。4 号台区额定容量为 200kVA，正向负载率为 20%，反向负载率为 0%。5 号台区额定容量为 200kVA，正向负载率为 75%，反向负载率为 120%。

由上可知，5 台配电变压器中，5 号台区反向过载，1 号台区和 3 号台区反向负载。2 号台区、4 号台区无反向负载。

根据以上分析结论，结合 10kV HXZ 5 号台区虽反向过载、但上级 110kVGH 变电站未出现分布式光伏反送电的情况，可采取就地消纳手段❶进行治理。

短期考虑，针对 10kV HXZ 5 号台区的实际情况，按照就近原则，可优先选择低压切载。由上文可知，10kV HXZ 2 号台区和 4 号台区无反送，且后者的负荷高峰期出现在下午与夜间较多，因此，利用低压切载的手段将 5 号台区多余光伏用户转至 4 号台区，降低反向负载率。

---

❶　就地消纳手段包括低压切载，新增配电变压器和配电变压器增容三种。

长远考虑，利用配电变压器增容的手段，将 5 号台区的容量增大，可将其他台区重过载负荷转移至增容后的 5 号台区，解决 5 号台区反向过载问题，并缓解其他台区重过载。在实际场景中，采用了配电变压器增容的手段，依托"河南 X 市 WZ10kV DSZ21 号台区等台区重过载治理工程"（见图 13），已将 5 号台区的额定容量由 200kVA 增容为 400kVA。

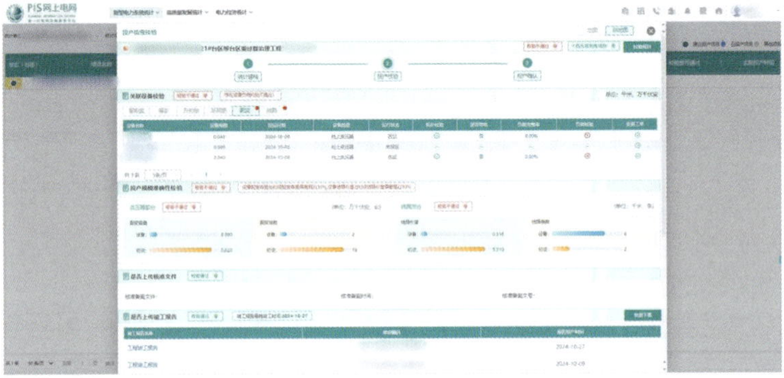

图 13 河南 X 市 WZ10kV DSZ21 号台区等台区重过载治理工程投产信息图

🌿 三、应用成效

该案例借助"网上电网"平台，使用"电网诊断""电源设备数据集成""基础资源电源"等功能，支撑完成分布式承载力逐级分析及典型反向重过载配电变压器治理。一是实现了多专业数据融合应用。全景展示了目标区域电源明细、电网拓扑关系等现状情况，在线支撑 10～220kV 的集中式、分布式电源情况分析以及逐级设备承载关系的图形化显示。二是实现了分布式光伏电网承载力在线分析。全时空提供了站变线运行数据、负载率等数据支撑，以源头数据的准确性，支撑了 10～220kV 站变线分布式光伏反送、重过载分析，辅助了分布式光伏承载力评级判定。三是实现了反向重过载治理方案在线研究。利用配电变压器地理定位和网络关系图形，为开展反向重过载配电变压器治理、就地消纳方案制订提供了有效的支撑，为近远期积极引导分布式光伏有序接入、解决分布式光伏承载力不足的问题作出了创新示范，保障配电网安全运行，助推新能源高质量发展。

主要完成人：许　宁　赵　阳　谢黎鹏　王稼琦　孔令哲

成伟伟　王向东　谢延开

五、开展分布式光伏消纳与承载力测算

5. 典型分布式光伏导致反向过载台区的分析治理

🍃 一、背景介绍

近年来，在"双碳"目标和新能源大力发展政策引领下，户用光伏大量接入电网，给 D 市 F 区配电网安全稳定运行带来较大挑战。根据省公司存量分布式光伏导致反向过载台区治理工作的整体安排，D 市 F 区需在 2024 年度夏前完成存量光伏反向过载台区的治理工作。

在这样的背景下，D 市 F 区紧密依托"网上电网"平台开展 10kV 配电台区反向过载分析治理，按照"核实情况—分析负荷—统筹周边—明确措施—现场勘查—纳入项目"的关键流程，开展存量光伏过载台区治理工作。使用查询功能及分布式承载力评估看板功能，掌握反向过载台区运行情况、光伏接入情况等基础信息。使用"台区负荷"查询功能，分析光伏反向负荷特性。使用"设备地图"功能，分析反向过载台区周边电网情况，综合提出解决光伏反向过载的方案。通过项目储备、项目纳规和督促实施等措施，落地治理工作。

🍃 二、应用详情

首先，通过"首页—电网规划—配网规划—源荷储—电源—总览"模块，可以初步了解 D 市 F 区新能源发展现状。截至目前，D 市 F 区共有各类电源 9900 座，装机容量 40 万 kW，其中分布式户用光伏电站 9800 座，装机容量 30 万 kW，占全部电源装机容量的 75%。发电量和发电出力均占比过半（见图 1）。

全面了解 D 市 F 区新能源发展现状后，D 市 F 区针对省公司下发的反向过载台区清单逐台开展分析和治理工作。

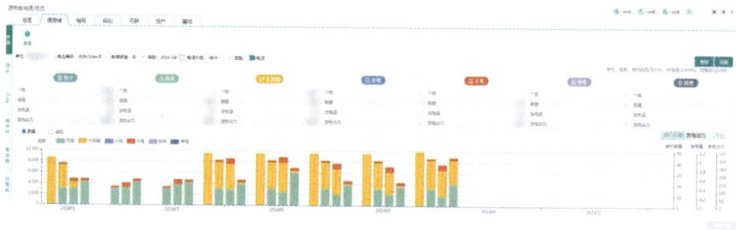

图 1　D 市 F 区新能源发展现状

1. 核实情况：通过平台快速核实反向过载台区运行、光伏接入和周边电网情况

首先，利用"分布式承载力评估"功能，可对 D 市 F 区配网反送设备进行统计分析。根据 2024 年 5 月计算结果，D 市 F 区共有反向过载台区 24 台，反向重载台区 48 台。以 LE 台区为例进行查询，该配电变压器容量为 200kVA，反向过载 7 次，过载时长 1.75h，反向重载 248 次，反向重载时长 62h（见图 2）。

图 2　网上电网分布式承载力评估看板查询台区反向过载情况

利用"图形定位"功能，可快速在卫星地图中定位至 LE 台区，通过卫星图片可直观查看 LE 台区周边电网情况。如图 3 所示，LE 村共有公共配电变压器 2 台（不含机井台区），配电变压器容量 400kVA。LE 台区和 LE2 台区呈东西分布，共同承担 LE 村用电负荷。

2. 分析负荷：通过"设备详情"功能了解台区负荷状况和光伏接入情况，分析负荷特性

在 LE 台区的"设备详情"中，选择"供需分析"页卡，可了解台区光伏用户接入情况和台区有功功率情况。

图3　LE台区周边电网情况

通过"设备详情—供需分析"查询（见图4），LE台区共接入光伏用户12户，发电容量300kW，远超配电变压器自身容量200kVA。在所选时间周期内，可以直观看到受光伏发电影响，该台区总有功功率成规律性波动。

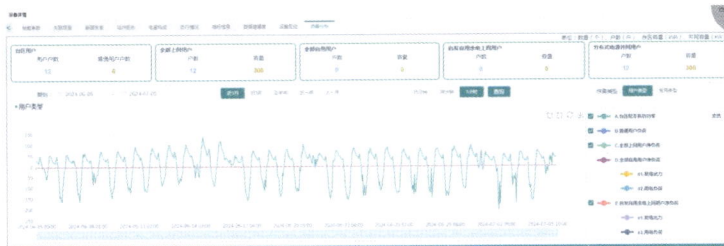

图4　网上电网供需分析看板查询台区光伏接入情况

查询设备运行状况，选择典型日负荷曲线（2023年9月28日反向过载时刻），可对该台区光伏发电情况深度分析。

借助"设备详情—运行情况"模块（见图5），查询分析LE台区光伏出力规律。可以看出，从7:45起，发电出力超过用电负荷，配电变压器总有功为负值。12:30，光伏发电出力达到峰值，台区总有功达到−220kW，反向过载。15:30，光伏出力变弱，台区总有功回归正值。

扩大查询时间范围，全面掌握LE台区正向、反向负荷情况，可为科学制订解决方案提供依据。

由图6可知，LE台区在近一年的正常运行中，正向有功功率于2024年2月2日18:00达到峰值160kW，台区负载率80%，属正向重载台区。反向有功功率先后 19 次突破−200kW，最高于 2023 年 9 月 28 日 12:30 达到−220kW，台区负载率−110%，属反向过载台区。针对台区运行情况，现有 200kVA 配电变压器已无法满足该台区运行需要，需进行台区增容或负荷拆分。

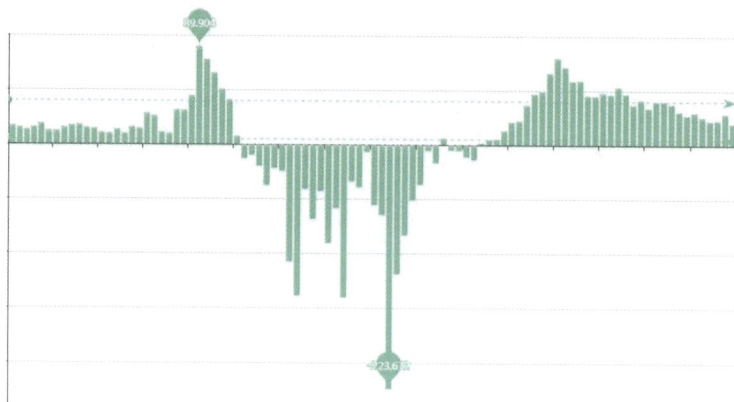

图 5　网上电网运行情况看板查询台区典型日负荷情况

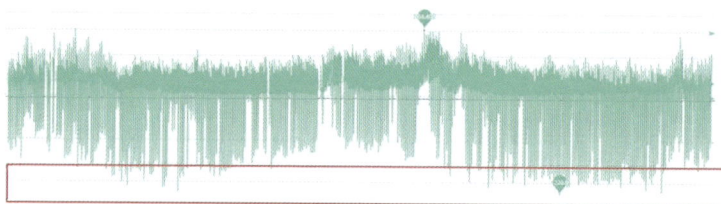

图 6　网上电网运行情况看板查询台区近一年正反向负荷情况

3. 统筹周边：通过"设备详情"功能，了解台区周边电网设备运行情况，分析负荷调整能力，明确治理措施

按照省公司存量反向过载台区治理指导原则，针对发生反向过载的配电台区，应优先采用运维措施（如调整光伏用户接入等方式）解决。对于运维措施无法解决的台区，应纳入配网项目改造。

因此，为科学精准制定整改措施，对 LE 村另一台配电变压器 LE2 号台区运行情况进行分析。查询 LE2 台区的光伏用户接入情况和台区负荷情况，对 LE 台区的负荷调整能力进行分析。

通过"设备详情—供需分析"查询（见图 7），LE2 台区共接入光伏用户 10 户，接入容量 220kW，接入容量已超过配电变压器容量，属超容量接入台区。

通过"设备详情—运行情况"查询（见图 8），LE2 台区近一年正向有功功率最高达到 140kW，台区负载率 70%，反向有功功率达到−140kW，台区负载率−70%。正反向负荷虽未发生重过载情况，但也不具备负荷调整的裕度。

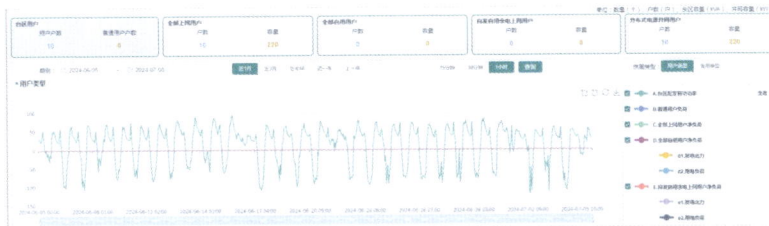

图 7 网上电网供需分析看板查询邻近台区光伏接入情况

图 8 网上电网运行情况看板查询邻近台区近一年正反向负荷情况

综上分析，LE 自然村目前配电变压器容量已不能满足其正向、反向负荷需求，需通过配网投资对台区进行增容，或新增配电变压器对现有负荷进行拆分。

4. 明确措施：组织开展现场勘查并落实解决措施

组织对 LE 村反向过载台区进行现场勘查，最终确定实施方案。具体方式为：在 LE 村中心新增 200kVA 配电变压器 1 台，对现有两个台区低压负荷进行拆分（见图 9），同时解决了 LE 台区正反向重过载问题和 LE2 号台区光伏接入超容问题。项目投资 X 万元，利用较少的资金投入解决了 LE 村光伏反向过载问题，并为该村配电网后期发展提供了保障。

图 9 通过新建 LE3 台区对 LE 村负荷进行拆分

5. 纳入项目：将现场勘查形成的配网项目纳入网上电网"十四五"规划项目库

项目完成设计后，D 市 F 区第一时间将规划成果纳入网上电网"十四五"规划项目库（见图 10），并推动项目尽早实施（见图 11）。

图 10　勘查成果纳入网上电网"十四五"规划项目库情况

图 11　D 市 F 区项目管理情况

参照上述分析方法，D 市 F 区对 24 台存量反向过载台区进行了逐一核实和分析，最终完成配网项目储备 17 项，形成 3 个项目包，争取改造资金 Y 万元。有关项目于 2024 年度夏前竣工投产，有力保障了 D 市 F 区配电网在度夏光伏出力高峰时期的安全稳定运行。

以 LE 台区为例核查治理效果。使用平台查询运行曲线，对比 2024 年和 2023 年 9～11 月台区同期负荷情况。可以看出：2024 年 9～11 月期间 LE 台区正向最大负荷为 65kW，较 2023 年同期最大值 110kW 下降 40%，台区负载率降至 32.5%。反向最大负荷为－110kW，较 2023 年同期最大值－220kW 下降 50%，台区反向负载率下降至 55%，LE 台区反向过载问题得到根本解决（见图 12）。

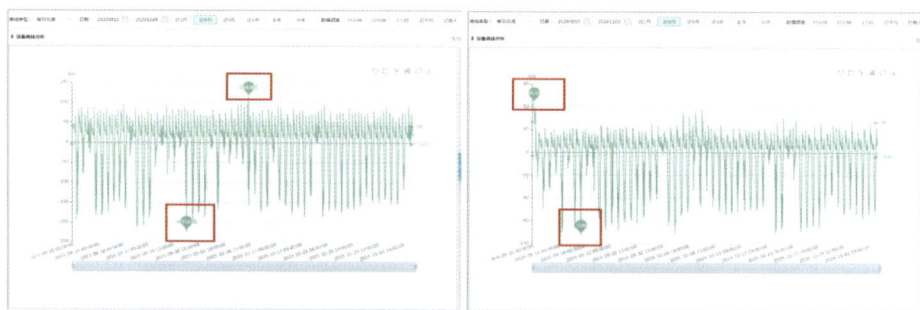

图 12　LE 台区反向过载问题治理成效对比

🌿 三、成效总结

本案例依托"网上电网"平台的应用模式和分析方法，形成了三个方面的应用成效。**一是创新规范了治理流程。**明确了"核实情况—分析负荷—统筹周边—明确措施—现场勘查—纳入项目"的关键步骤，确保治理工作高效开展。**二是科学制定了治理措施。**通过全面分析存量光伏反向过载台区及周边电网的运行情况，科学制订治理措施，确保问题切实得到解决。**三是圆满完成了治理任务。**通过高效开展治理工作，按期完成了省公司交办的第一期 24 台治理任务，保障了配网设备安全，助力新能源健康发展。通过本次治理工作的开展，对光伏反向过载台区的运行特点和治理措施进行了深入分析，有助于供电公司更加科学、更有针对性的开展光伏反向过载台区治理工作。在新能源接入和相关项目改造时，提供数据支撑和应用参考，具有广泛推广示范价值。

主要完成人：王绮梦　陈　鹏　耿　冲　杨国庆

袁　景　姬晓利　葛　阳

6. 分布式光伏承载力的人工与云计算对比分析

一、应用背景

在"双碳"发展目标的引领下，D市WS县分布式光伏发电项目呈现蓬勃增长态势。按照省公司的统一部署和工作安排，HN省分布式光伏承载力与可开发容量发布平台，每季度对各市县公司的承载能力进行测算，"网上电网"平台也为测算提供了全面的数据与算力支撑。为了对比计算结果的差异，D市公司开展了分布式光伏承载力的人工与云计算对比分析，不断提升计算结果的科学性和准确性。

二、应用详情

依据《分布式电源接入电网承载力评估导则》（DL／T 2041）等有关规定，确定测算评级规则：

（1）220kV主变压器。未上翻，评级为绿色；出现上翻，但不考虑接入110kV的集中式新能源出力后，不上翻评级为黄色；不考虑接入110kV的集中式新能源出力，仍上翻，评级为红色。

（2）110/35kV主变压器。未上翻评级为绿色；出现上翻，但未反向重过载评定为黄色；出现反向重过载或上级220kV主变压器评级为红色。

（3）10kV配电变压器。未上翻评级为绿色；出现上翻，但未反向重过载评定为黄色；出现反向重过载或上级220kV主变压器评级为红色。

（4）220kV及10kV线路。未上翻评级为绿色；出现上翻，但未反向重过载评定为黄色；出现反向重过载或上级220kV主变压器评级为红色。

由评估导则可知，一是根据设备本身的反向负载率。二是根据上下级约束判断，即局部服从总体、下级服从上级。

2024年"网上电网"平台已实现云计算功能，可对目标区域分布式光伏承载能力进行整体计算和结果展示。同时，仍可借助"网上电网"平台提供的设备档案、图形、负荷数据进行人工测算，支撑对云计算结果的校核验证。

下面以 2024 年第二季度 D 市 WS 县分布式光伏承载能力测算过程为例，利用"网上电网"平台分别进行人工和云计算比照分析。

（一）利用档案、拓扑和负荷曲线等功能开展人工测算

使用"首页"电网一张图功能（见图 1），掌握 WS 县电网概况。WS 县供电区电压等级包括 220/110/35/10kV 等，县域电网已形成以 220kV 变电站为主供电源，110kV 和 35kV 电网为主干的网架结构。截至 2024 年 7 月，WS 县供电区 220kV 变电站 2 座（MH 站和 GL 站）。110kV 变电站 11 座，35kV 变电站 9 座，新能源电场 1 座（SC 风力发电场）。

图 1　WS 县电网结构示意图

1. 查看现有分布式光伏接入容量信息

路径"统计分析—高质量发展统计—统计作业—源网荷储设备统计—电源设备集成—分布式电源明细—营销分布式"（见图 2）

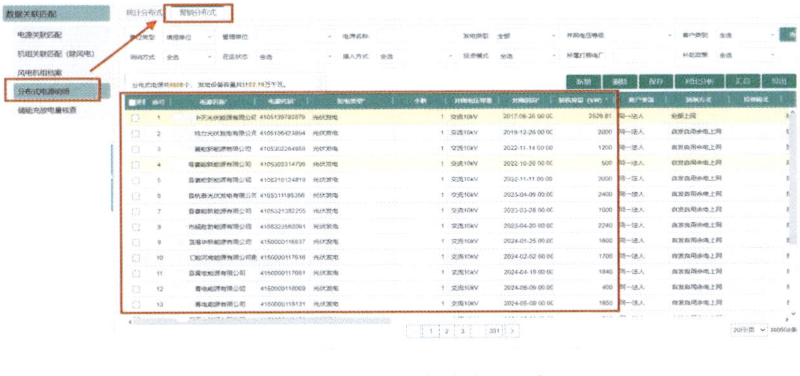

图 2　WS 县分布式电源明细

由分布式电源明细可知，截至 2024 年下半年测算时刻，WS 县分布式光伏接入总容量达 236MW，户数 6300 户。其中，35kV 设备接入 2000 户，容量 63MW，占比 27%。110kV 设备接入 4200 户，容量 143MW，占比 73%。结合 WS 县 220/110/35/10kV 四级结构，分布式光伏均在 220kV GL 站、MH 站主变挂接之下。2024 年 WS 县 220kV 设备利用平均值为 22%（见图 3），即 220kV 变电站平均负荷为 270MW，而分布式光伏目前接入电网装机总容量已达 230MW，接近全县年平均负荷，大于全县最小负荷。

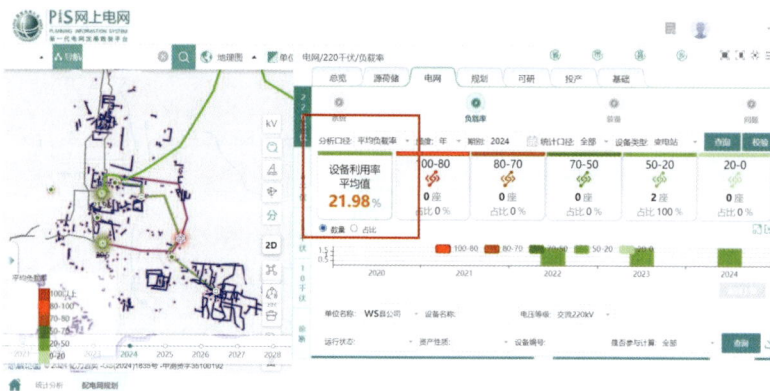

图 3　2024 年 WS 县公司交流 220kV 设备利用率平均值

2. 以 220kV MH 站为例梳理断面关系，明确 MH 站、GL 站的挂接关系
路径"首页—MH 站—查询详情—断面关系"（见图 4）。

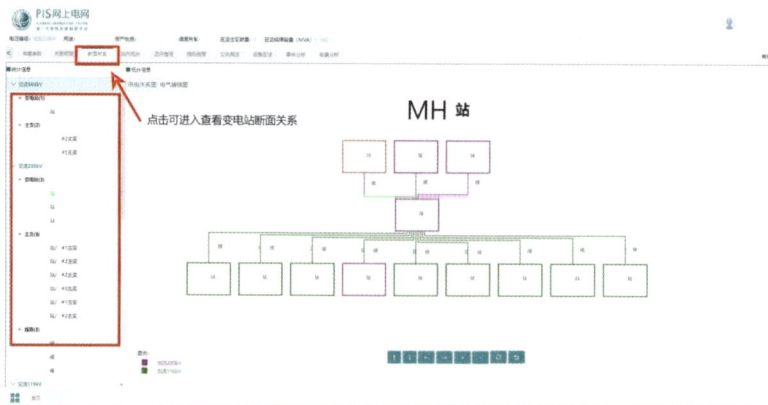

图 4　D 市 MH 变电站断面图

3. 以 110kV WS 站为例，通过站内拓扑图确认上下潮流关系
路径"首页—WS 站（点击穿透）—站内拓扑"（见图 5）。

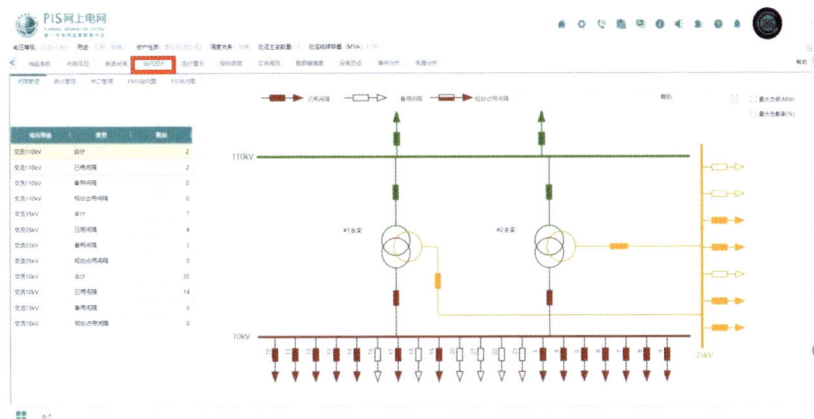

图 5　D 市 WS 变电站站内拓扑图

4. 考虑风电场等集中式新能源对测算时刻的影响，去除测算时刻接入 35kV 及以上电网的集中式新能源出力

以 220kV GL 站、MH 站 110kV SC 风电发电场为例，通过变电站及主变"运行情况"页卡，查询到 WS 县 2 座 220kV 变电站及主变存在反向重过载（见图 6）。以全县接入最多分布式光伏的 110kV ML 站以及 110kV GL 线为例，查询到 ML 站及 GL 线存在分布式光伏反送电，但未出现反向重过载（见图 7、图 8）。

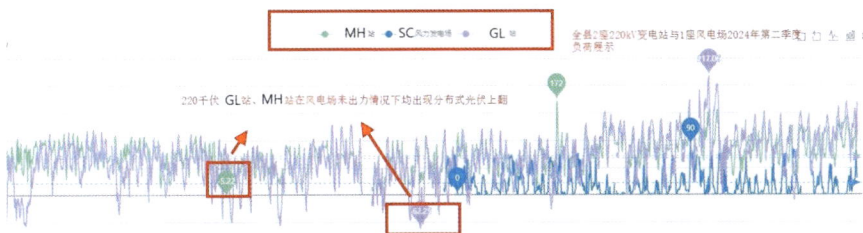

图 6　WS 县 220kV 变电站及风电场负荷曲线叠加分析

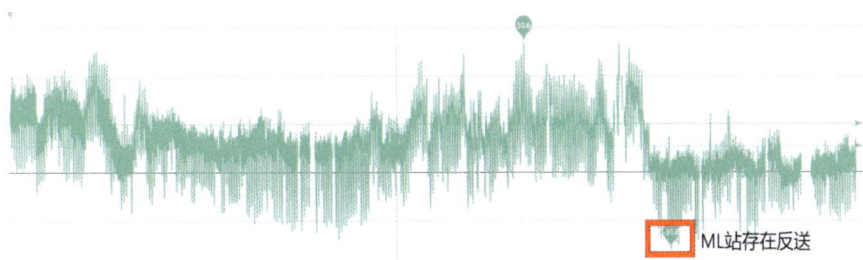

图 7　D 市 ML 站测算时间区间负荷曲线

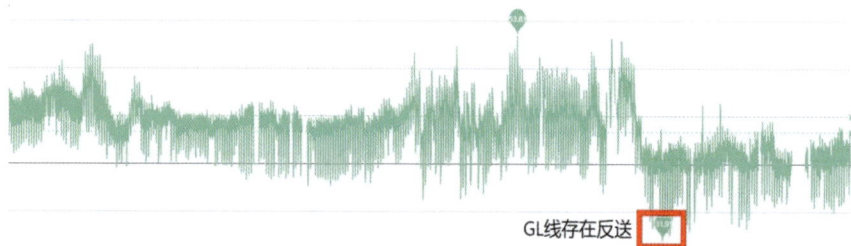

图 8　D 市 GL 线第二季度负荷曲线（GL 站至 ML 站线路）

5. 开封 WS 县 2024 年第二季度人工测算结果

全县区域分布式光伏电网承载力评级为红色。结合 D5000 系统复查，图数及人工测算结果正确。计算过程所需时间约 5h。

（二）利用云计算功能开展分布式承载能力评估和展示

通过分布式承载能力云计算功能，完成对 WS 县第二季度分布式承载力计算。总体来看，计算用时 9min，对象可选、时间可定、参数可调、结果全面，各电压等级可开放容量等信息清晰可导出。具体路径为："公共应用—分布式承载能力计算—新建计算任务—计算选择对象—规划设备确认—典型时刻选取—计算参数配置—计算结果展示"。计算流程如下：

（1）新建计算任务，选择 D 市 WS 县为计算对象（见图 9）。

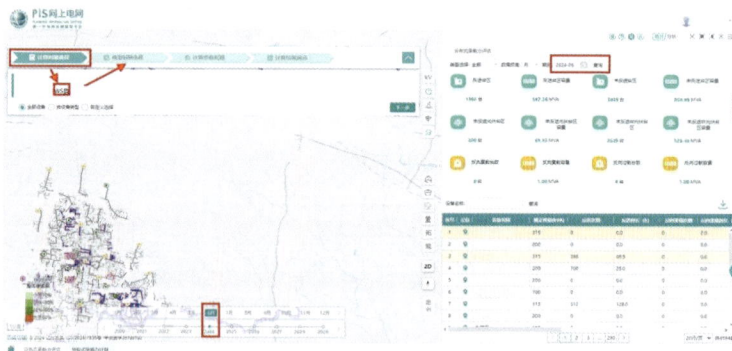

图 9　计算对象选择

（2）选取 2024 年第二季度为测算时刻（见图 10）。

（3）依据公司导则及规程配置各电压等级计算参数。以分布式大发时刻为例，采集时段选取"10:00～15:00"，分布式光伏出力系数调整为"1"，设备功率因素选取"0.95"，最大反向负载率 220kV 设置为"0"，110kV 及以下最大反向负载率设置为"80%"（见图 11）。

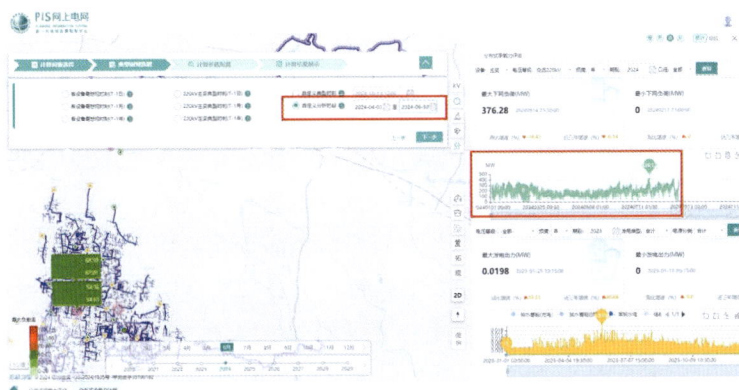

图 10　典型时刻选取

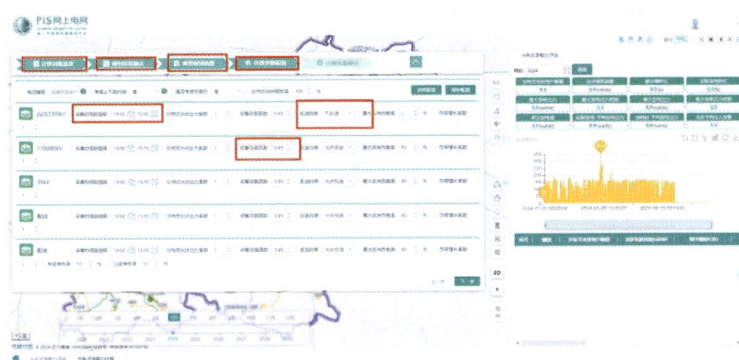

图 11　计算参数配置

（4）云计算结果展示（见图 12）。在剔除掉新能源风电场等集中式新能源对测算时刻的影响后，D 市 WS 县 2024 年第二季度分布式光伏承载力评级为红色，各电压等级设备反送电情况清晰。该结果同与人工计算结果一致。

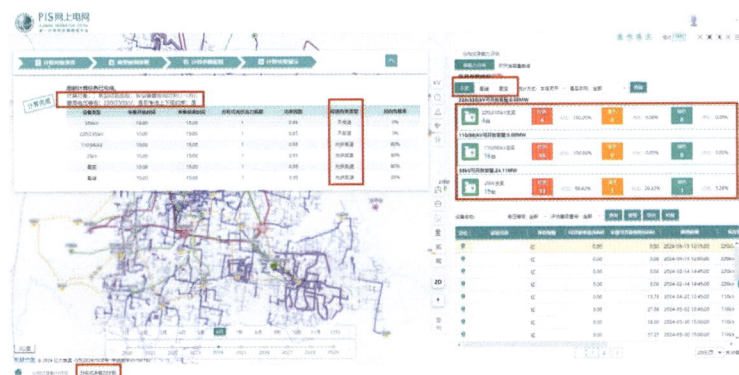

图 12　云计算结果展示

🍃 三、成效总结

一是验证了人工计算与云计算的统一性。在分布式光伏承载力计算中，两种方式均可实时获取各时段、各电压等级设备的有关数据，具备了人工计算与云计算"双支撑、互验证"的能力，为平台全面深化应用夯实了基础。二是验证了云计算方式的便捷性。相较人工计算，云计算方式流程规范、逻辑严谨，具有范围可选、参数可调的灵活性，呈现了全景展示、数据可导、用时较短的优势，有力支撑了分布式光伏承载力计算评估。三是验证了云计算过程的高效性。相较人工计算，云计算节省了拓扑分析、曲线对比、线下计算、逐级校核等环节工作量，县区级计算时间仅需 9min 左右，提升工作效率 30 倍，为基层一线大幅减负增效，为引导分布式光伏规范有序接入、服务新能源发展提供了有效的技术支撑。

主要完成人： 王绮梦　付科源　刘　萌　陈　鹏　孙　菲　杨国庆

　　　　　　　杨浩宇　张　挺　刘　爽　杨　乐

六、按期完成"十四五"规划建设任务

7. 利用"网上电网"提升 S 市中心城区配电网供电能力

一、背景介绍

供电能力指的是电网持续向用户提供电能的能力，一般可以用负载率、转供能力等指标进行评价。S 市中心北供电网格位于中心城区北部，是该市重要的行政、教育及商业地区，为 B 类供电区，具有较强代表性。利用"网上电网"平台的"配电网规划"模块功能，首先对中心北供电网格 2021 年供电能力进行评价，重点分析造成可开放容量低、中压设备重过载、线路联络率低的影响因素；其次通过分析 2022 年变电站同期配出工程和 110kV 输变电工程，分析 10kV 电网基建项目的规划、可研、建设、投产计划情况，最后通过对比 2021 年与 2023 年电网运行指标情况，评价项目实施效果，明确区域配电网供电能力提升情况。

二、应用详情

以 S 市中心城区中心北供电网格为例，开展配电网供电能力提升工作。

（一）中心北网格 2021 年基本情况

"电网规划—配网规划—基础—分区网格"，绘制中心北供电网格范围，占地 22km²，详情如图 1 所示。

双击已经绘制的供电网格范围，可以查看中心北网格 2021 年源网荷规模情况，详情如图 2 所示。

2021 年，中心北网格有 220kV 变电站 1 座，总变电容量 480MVA，为 220kV WB 变电站（2×240MVA）；110kV 变电站 3 座，总变电容量 310MVA，分别为

110kV DYT 变电站（2×60MVA）、DS 变电站（2×40MVA）、GW 变电站（50+60MVA）；输电线路 17 条，长度 180km；配电变压器 445 台，总容量 25 万 kVA；10kV 公用线路 65 条，总长度 330km。

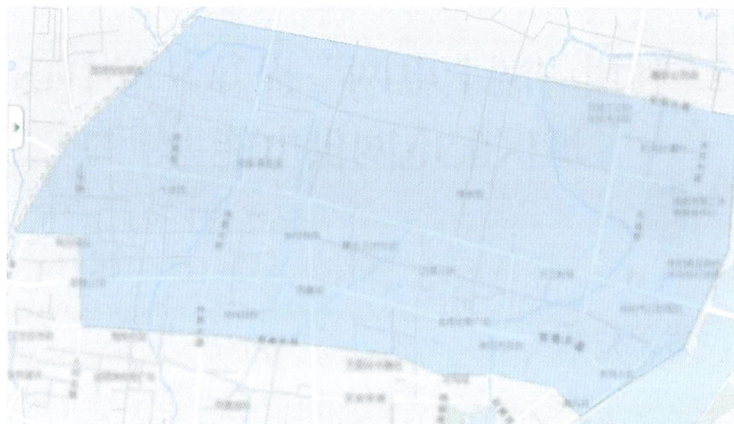

图 1　S 市中心北网格范围示意图

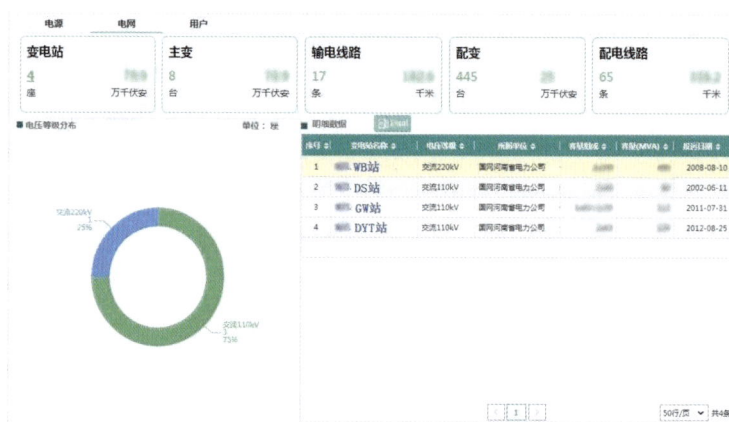

图 2　2021 年中心北网格源网荷规模示意图

（二）中心北网格 2021 年供电能力指标分析

从变电站负载率、10kV 线路联络率、$N-1$ 通过率、重过载比例、10kV 间隔可用数量等指标对中心北网格供电能力进行分析，找出影响供电能力的关键因素。

"首页—公共应用—指标查询—指标看板"，可以查看 2021 年 S 市变电站最大负载率，详情如图 3 所示。

图 3　2021 年 S 市变电站最大负载率示意图

可以看到，2021 年 110kV DS 变电站、110kV GW 变电站、110kV DYT 变电站的最大负载率分别为 91%、85% 和 34%，并且 DS 变电站负载率超过 80% 的次数达到了 14 次，变电站重载问题突出。中心北网格很大一片区域高压配电网供电能力缺口巨大，迫切需要在负荷中心位置新建一座 110kV 变电站。

"配电网规划—电网—110kV—负载率"，查看 110kV DS 变电站站内共有 22 个 10kV 间隔，已全部使用，详情如图 4 所示。

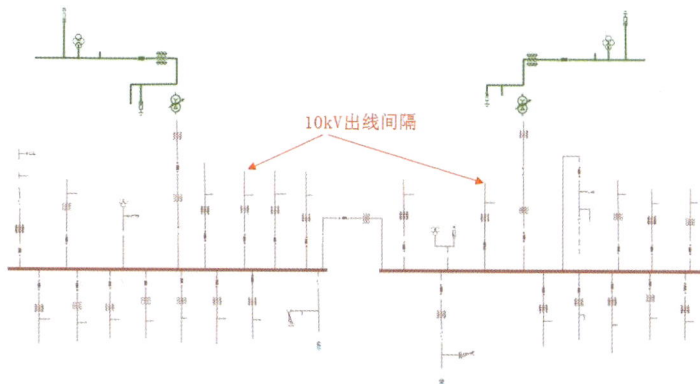

图 4　2021 年 110kV DS 变电站站内拓扑图

经过统计分析，S 中心北网格内 220kV WB 变电站无 10kV 配出；3 座 110kV 变电站合计拥有 10kV 出线间隔 70 个，已使用 70 个，其中公用间隔 65 个、专用间隔 5 个，间隔利用率达到 100%，整个供电网格已无法新建配出 10kV 线路。

"电网规划—配网规划—电网—10kV—网架"，可以筛选、查看 10kV 线路规模、网架结构等信息，详情如图 5 所示。

图 5　110kV DS 变电站 10kV 出线网架统计图

经过统计分析，中心北网格区域范围内有 10kV 联络线路 60 条，单辐射线路 5 条，联络率 92.3%；满足"N-1"校验 50 条，"N-1"通过率 76.92%。负载率方面：重载线路 9 条（80%≤负载率＜100%），占比 13.84%；过载线路 2 条（负载率≥100%），占比 3.07%。10kV 线路重过载问题较为突出，设备检修或故障时负荷无法全部转移，造成区域供电可靠率较低。

（三）中心北网格 2022 年合理安排配电网项目

"电网规划—配网规划—规划项目"，可以看到"十四五"规划项目"S 市区 GX 110kV 输变电工程"稳步推进，于 2022 年 7 月完工投产。项目规划建设 2 台 60MVA 主变，新建 110kV 出线 4 回，π 接 PS 电厂～WB 双回线路，线路长度 0.5km，总投资 5000 万元，详情如图 6 所示。

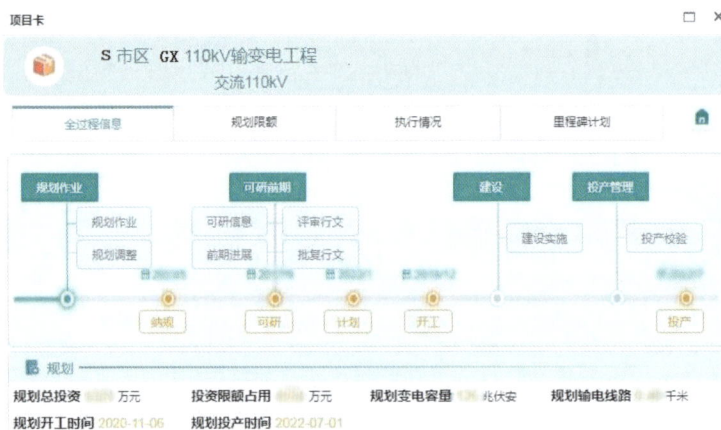

图 6　"S 市区 GX 110kV 输变电工程"项目详情图

110kV GX 变电站同期配出工程新建 10kV 线路总长度 25km，总投资 4000 万元，2022 年初开工建设，2022 年 11 月份左右准时完工，110kV 输变电工程同时期投运（110kV GX 输变电工程投运之后，调度正式命名为"110kV DS 变电站")。

"电网规划—配网规划—规划项目"可以看到 10kV 项目信息,详情如图 7 所示。

图 7　DS（GX）变电站同期 10kV 配出项目示意图

（四）中心北网格 2023 年供电能力提升情况

"电网规划—配网规划—基础—分区网格",可以查看中心北网格 2023 年源网荷规模情况,详情如图 8 所示。

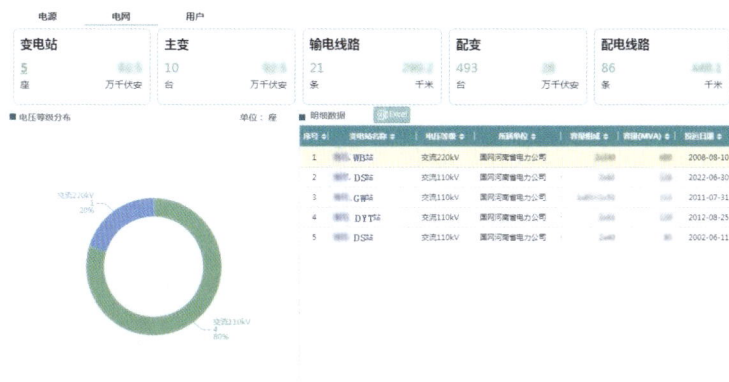

图 8　2023 年中心北供电网格源网荷规模示意图

2023 年,中心北网格范围内共有 220kV 变电站 1 座,总变电容量 480MVA,为 220kV WB 变电站(2×240MVA);110kV 变电站 4 座,总变电容量 430MVA,分别为 110kV DYT 变电站(2×60MVA)、DS 变电站(2×40MVA)、GW 变电站(50MVA＋60MVA)、DS（GX）变电站(2×60MVA);输电线路 21 条,长度 290km;配电变压器 493 台,总容量 28 万 kVA;10kV 线路 86 条,总长度 450km。

"首页—公共应用—指标查询—指标看板"，查看 2023 年 S 市变电站最大负载率，详情如图 9 所示。

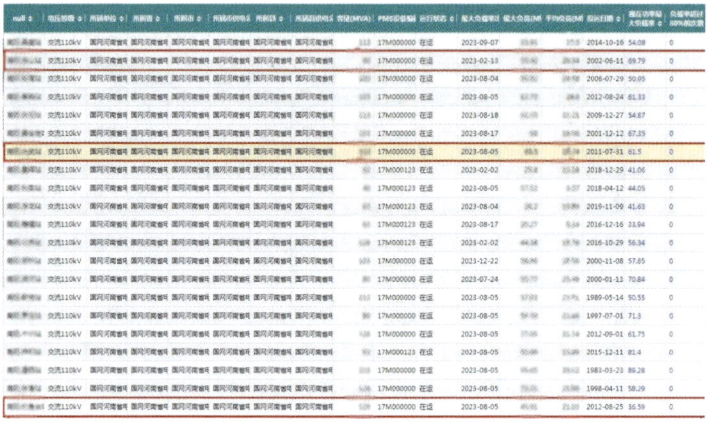

图 9　2023 年 S 市变电站最大负载率示意图

可以看到，得益于 110kV DS（GX）变电站的成功投运并通过新建 10kV 线路改接 110kV DS 变电站、GW 变电站、DYT 变电站 10kV 重过载线路负荷，及时、有效地满足了周边用户的用电需求。2023 年 110kV DS 变电站、GW 变电站、DYT 变电站的最大负载率分别为 69%、61% 和 36%，重过载问题得到有效解决。

"配电网规划—规划全过程—电网"，查看 2023 年 110kV DS（GX）变电站 10kV 间隔及出线情况。可以看到，110kV DS（GX）变电站 10kV 出线 24 个，已使用 21 个，仍有 3 个可用间隔，能够满足周边大用户新增报装需求，详情如图 10 所示。

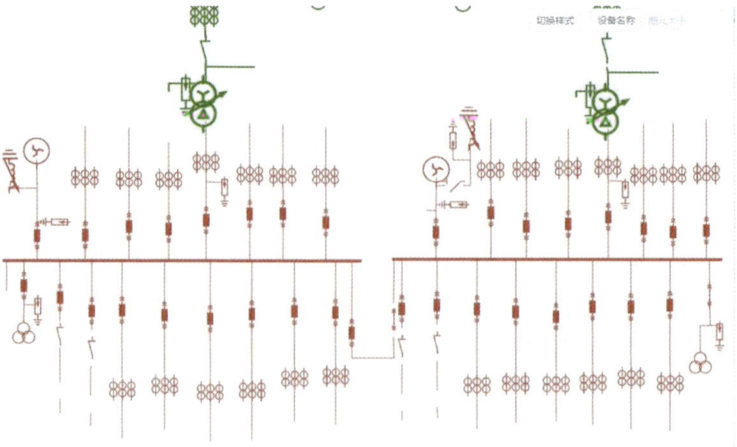

图 10　2023 年 DS（GX）变电站站内拓扑图

"配电网规划—规划全过程—电网—10kV—网架",以 110kV DS 变电站 10kV DGQ 线为例,可以看到它与 10kV SL 线、GGE 线联络,转移负荷占比 100%,满足线路 $N-1$。详情如图 11 所示。

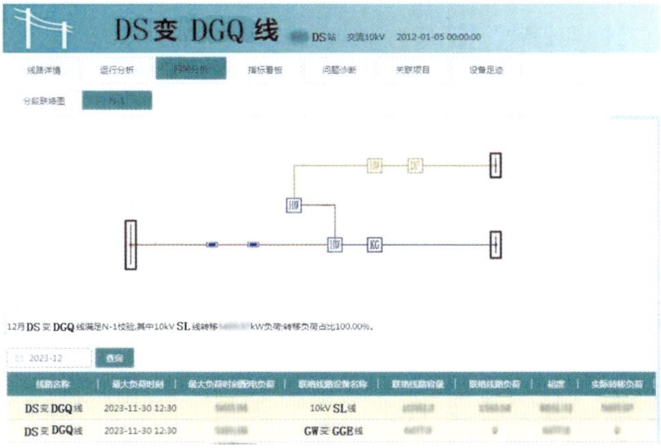

图 11 110kV DS 变电站 10kV DGQ 线 $N-1$ 情况图

经过统计分析,S 市中心北网格 2023 年有联络线路 82 条,辐射线路 4 条,联络率 95.34%;满足"$N-1$"校验 71 条,"$N-1$"通过率 82.56%。负载率方面:短时间重载线路 3 条(80% ≤ 负载率 < 100%),占比 3.4%;无过载线路。10kV 线路联络率、$N-1$ 通过率相比 2021 年分别增加 3.04 和 5.64 个百分点,优化了网架结构、提升了互联互供能力,重载线路数量减少了 66%,有效消除了线路过载情况。

"配电网规划—规划全过程—指标看板",可以查看 10kV 线路 2021~2023 年运行指标。以 110kV DS 变电站 10kV DGQ 线为例,查看其最大负荷、平均负荷、最大负载率等信息,详情如图 12 所示。

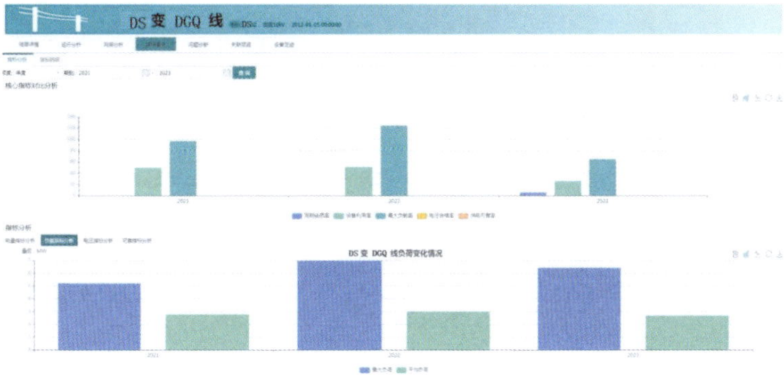

图 12 2023 年 110kV DS 变电站 10kV DGQ 线运行指标图

可以看到 110kV DS 变电站 10kV DGQ 线 2021、2022、2023 年的最大负载率分别为 97%、125%、64%，平均负载率分别为 49%、51%、25%，随着 10kV 网架类基建项目的顺利完工，线路重过载情况得到了有效解决。

三、成效总结

本案例依托"网上电网"平台，一是解决了电网实际问题。以 S 市中心城区中心北供电网格为例，使用网上电网分析制约区域供电能力的典型因素，评价 110kV 输变电和 10kV 线路同期配出、网架结构优化加强基建项目。为经济社会发展提供了坚实的电力保障。二是提升了区域供电能力。判断电网项目有效增加了区域可开放容量、消除了变电站及线路重过载情况、增强了负荷转供能力、满足了新增用户接入需求，显著提升了区域供电能力，促进了电网高质量发展。三是进一步提升了平台应用水平。加强了专业人员协同应用"配电网规划"模块的线上作业能力，深化了平台功能的实用化应用。

主要完成人：胡志勇　李　勇　杜　潇　郭　旭　吴　博

邢友松　王　蒨　郭雪丽　宋　少

七、开展"十五五"规划重要专题研究

8. 基于"网上电网"开展 L 县电网防灾抗灾工程设计研究

🍃 一、背景介绍

　　L 县地处河南西部，横跨黄河长江两大流域，为河南省面积最大、平均海拔最高的深山区县，主要地理形势由中山、低山、丘陵和河谷盆地等组成，存在雨雪、大风、高低温等诸多微气候区。2023 年冬季最低温度达至 −20℃，暴雪、冰雹等自然灾害频发，给电网高质量规划、建设、运维带来巨大的挑战。在这样的背景下，H 市公司依托网上电网系统开展案例应用，通过"规划全过程—基础管理—地理"功能，全面剖析 L 县地区自然灾害易发区域分布，叠加应用"规划全过程—基础管理—电网"模块，综合分析 L 县电网在应对极端天气和气象灾害时所面临的风险隐患，据此研究编制 L 县电网防灾抗灾能力提升解决方案，并将相关工程纳入规划项目库，切实守牢电网安全运行"生命线"，为地区经济社会高质量发展保驾护航。

🍃 二、应用详情

1. 分析 L 县区域概况

　　首先，使用系统提供的"统计—自定义区域框选功能"功能，可查看该区域具体情况。将 L 县区域全部框选后，点击"保存自定义区域信息"，以便后续快捷调用。

　　框选 L 县地区变电站、输电线路等信息可快速统计呈现区域电网设备情况（见图 1）。L 县下辖乡镇，总面积 4000km²，框选区域 220kV 变电站 1 座，为 220kV LS 变电站，主变总容量 200MVA，由 2 条 220kV 线路供电，分别为 ZL 线、LZ 线，其中 220kV ZL 线线路长度 100km，其中同塔区段占线路全长的 50%，

LZ 线线路长度 100km，其中同塔区段占线路全长的 90%；框选区域 110kV 变电站 4 座，变电容量 300MVA，通过 3 条 110kV 线路与其他供电区联络，分别为 110kV CH 线、ZH 线、TZ 线（ZYT 接 GT—DM），框选区域 35kV 变电站 20 座，变电容量 200MVA，35kV 输电线路 40 条，线路总长度 400km。

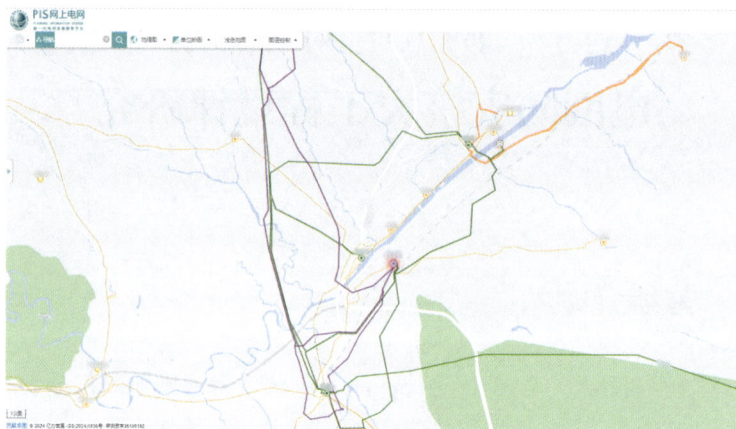

图 1 L 县地区 35kV 及以上电网地理接线图

从图中可以看到，ZL 线、LZ 线同塔区段占比均高于全省平均水平（39%），给区域电网安全运行、检修维护带来巨大风险和隐患。

2. 分析 L 县气象灾害区域分布

通过点击"自定义区域信息"，调出 L 县区域地图，使用系统提供的"规划全过程—地理—环境"功能，可查看该区域覆冰、舞动、雷灾等气象灾害在 L 县地区的分布情况（见图 2）。在"规划全过程—地理—环境"界面中点击"覆冰"选项，即可生成 L 地区覆冰情况分布图，从图中可以看到，L 县域中部及南部乡镇 80% 以上区域位于中冰区❶，南部区域冬季冰厚超过 20mm，属于重冰区，仅有东北部地区乡镇冬季冰厚小于 10mm，属于轻冰区，具有较为稳定的线路廊道环境。

点击"舞动"选项生成地区输电线路舞动情况分布图（见图 3），从图中可以看到，L 县全域均位于 0 级舞动区❷。

---

❶ 覆冰等级说明：依据 Q/GDW 11004—2013《冰区分级标准和冰区分布图绘制规则》，冰厚范围在 0～10mm 的地区属于轻冰区，冰厚范围在 10～20mm 的地区属于中冰区，冰厚范围在 20mm 以上的地区属于重冰区。

❷ 舞动等级说明：根据《舞动区域分级标准和舞动区域分布图绘制规则》（Q/GDW 11006—2013），舞动等级从非舞动区到重度舞动区分为 4 个等级，10 年舞动日数在 140 天以上的线路区域为 3 级区（强），10 年舞动日数在 90～140 天的线路区域为 2 级区（中），10 年舞动日数在 50～90 天的线路区域为 1 级区（弱），10 年舞动日数在 0～50 天的线路区域为 0 级区（非）。

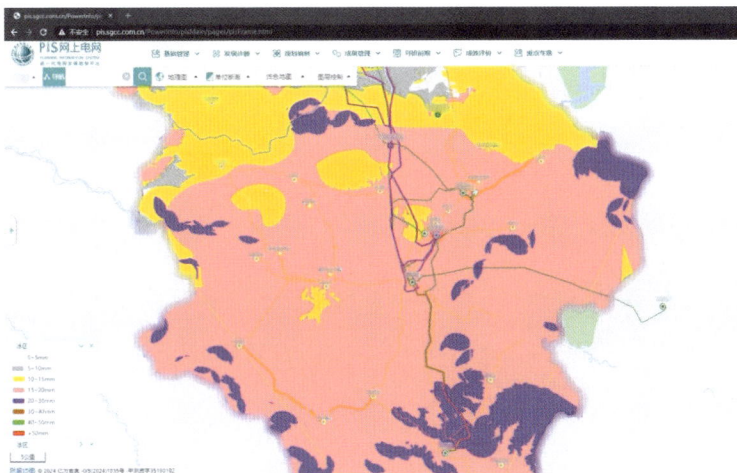

图 2　L 县冰区分布示意图

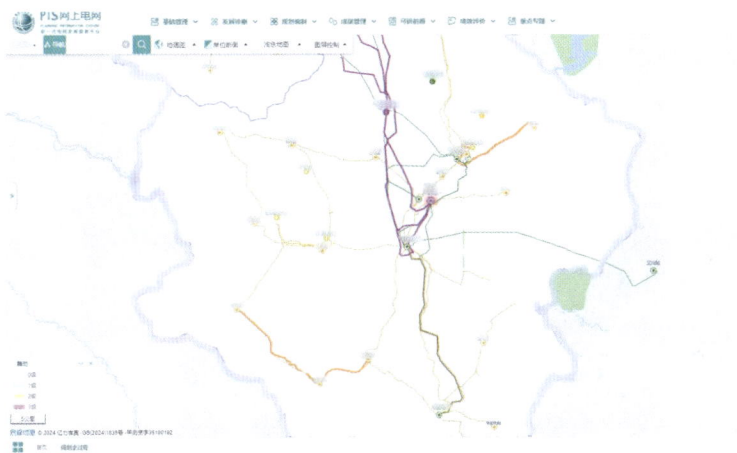

图 3　L 县输电线路舞动情况分布示意图

点击"风区"选项生成风区情况分布图（见图 4）。根据风区情况分布图，可以看到 L 县西部及南部地区风速在 30m/s，风速较大，若受冬季雨雪覆冰影响，线路将产生严重的舞动隐患，北部及东部地区风速在 20m/s，风速情况良好，线路廊道环境较为稳定，舞动风险能够降至最低。

点击"山火"选项生成地区山火情况分布图（见图 5），从图中可以看到，L 县东部和南部地区山火发生等级为 3 级❶，线路廊道环境受火险影响较大，

---

❶　山火风险等级说明：依据《中华人民共和国气象行业标准（QX/T 77—2007）—森林火险气象等级》，低火险级或无火险级区域为 1 级风险区，较低火险级或弱火险级区域为 2 级风险区，中等火险级区域为 3 级风险区，高火险级区域为 4 级风险区。

北部地区山火发生等级均在 2 级，线路廊道环境安全可靠性较高，能够有效规避森林火灾给电网运行带来的风险隐患。

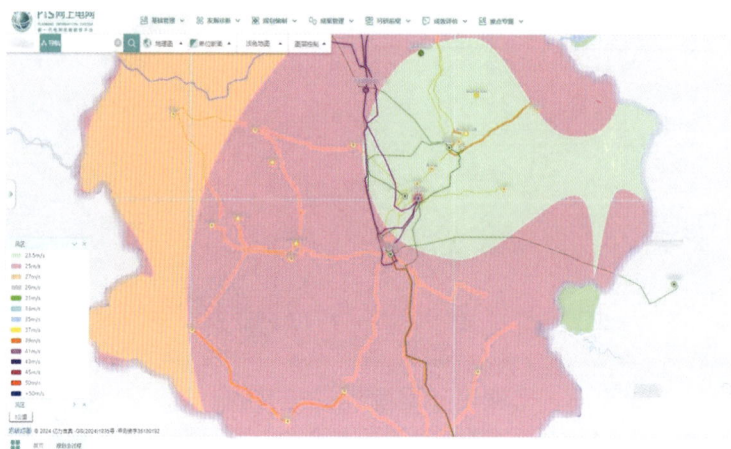

图 4　L 县风区情况分布示意图

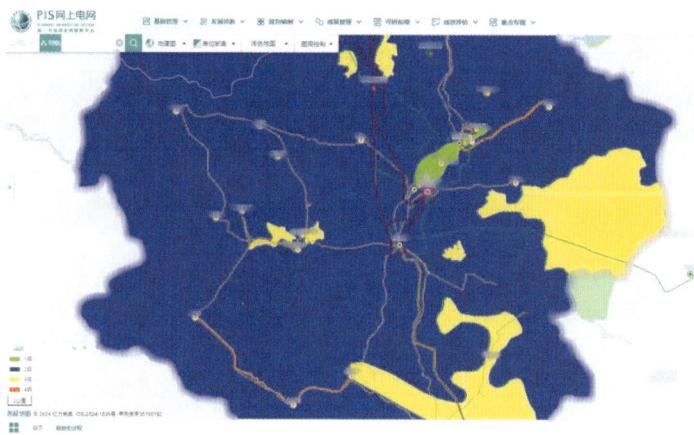

图 5　L 县山火风险等级分布

3. 分析 L 县跨区联络线路薄弱环节

通过"规划全过程—基础管理—电网"界面可以看到，在 220kV 电网层面，L 县电网通过 ZL 线、LZ 线等 2 条 220kV 线路与 ZD 变、ZL 变联络形成环网。在 110kV 层面，通过 CH 线、ZH 线、TZ 线（ZYT 接 GT—DM）等 3 条 110kV 线路与周边县电网形成联络。通过"规划全过程—地理—环境"功能显示的地区环境示意图（见图 6）对 L 县电网跨区联络线路进行综合分析，可以看到 ZL 线、LZ 线、ZH 线、TZ 线、CH 线等 5 条与其他供电区联络的线路主要区段均位于中冰气象带（覆冰厚度大于 10mm 小于 20mm）。220kV LZ 线 80 号～155

号和 220kV ZL 线 70 号～90 号地处微气候区,微气候区线路长度分别占两条线路总长度的 30%、20%。

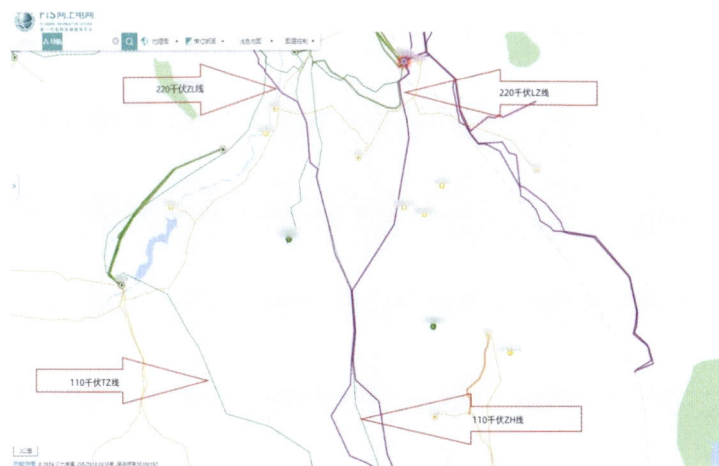

图 6　L 县联络线路运行情况

区域内 5 条联络线路均位于中冰气象带,若受冬季寒潮、暴雪及大风等极端天气影响,220kV 层面 LZ 线、ZL 线将面临故障停电风险,220kV LS 变与 LB 供电区失去电气联系,预计将损失全县 10 万 kW 负荷,造成五级电网事故;110kV 层面 ZH 线、TZ 线、CH 线等 3 条受电线路存在严重安全运行隐患,HJ 变电站、DM 变电站、WY 变电站等 3 座 110kV 变电站及 CX 变电站、XC 变电站等 2 座 35kV 变电站面临站内停电风险,对 L 县电网安全稳定运行乃至地区经济发展和社会稳定造成巨大影响。

4. 研究提出相应解决措施

综合考虑区域内覆冰、舞动、山火等极端天气和灾害影响,L 县西部和南部地区气象条件复杂多变,不具备出线条件,东北部地区自然地质环境较为稳定,可在该地区进行选址选线。在国网河南电力电网规划中提出解决措施(见图 7 和图 8):在 220kV 层面,规划实施 220kV ZL 变电站—LS 变电站第二回电源新建工程,新建线路起自 220kV LS 变电站,向北出线,向北直至 220kV ZL 变电站,形成 ZL 变电站—LS 变电站 Ⅱ 回线路。且由于 L 县南部和西部地区均处于中重冰区和大风舞动区域,气象条件恶劣,新建线路为规避该区域仅能通过穿越东北部地区与其他周边供电区联络,故本工程线路走径为唯一可实施方案。

在 110～35kV 层面,规划实施 GT 变电站—HJ 变电站 35kV 线路联络工程,新建 35kV 线路自 110kV GT 变电站向西北出线至 110kV HJ 变电站,形成 GT 变电站—HJ 变电站 35kV 联络线路。

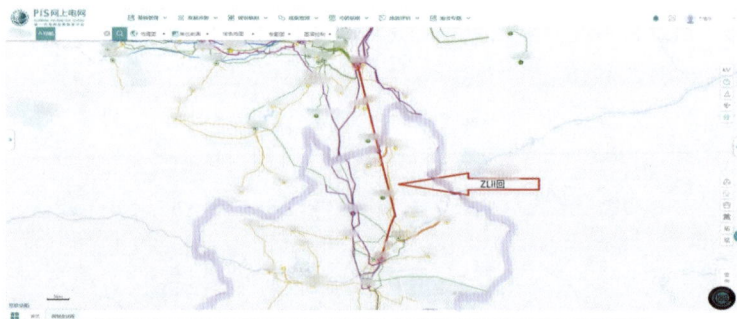

图 7　ZL 变电站—LS 变电站第二回电源新建工程示意图

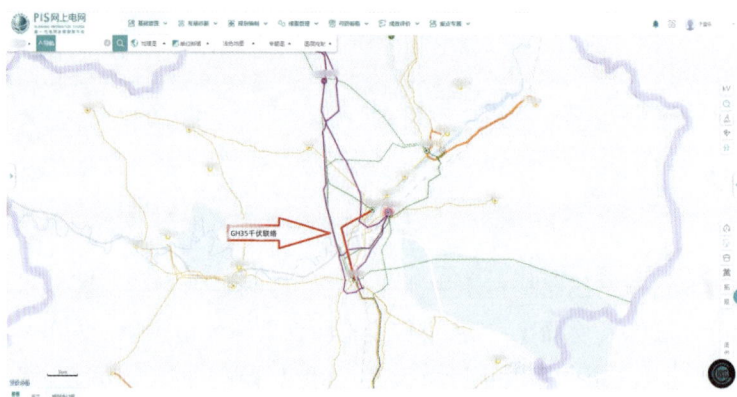

图 8　GT 变电站—HJ 变电站 35kV 线路联络工程示意图

上述 2 项工程实施后，一是 L 县供电区将由 ZL 线、LZ Ⅰ回线、LZ Ⅱ回线等 3 条 220kV 线路进行供电，110kV CH 线、ZH 线、TZ 线作为备用，同时 ZL 变电站—LS 变电站Ⅱ回线路走径最大程度规避中冰气象带、舞动、微气候区等极端天气和气象灾害高发区域，有效提升了地区电网防灾抗灾和稳定运行能力。二是 GT 变电站—HJ 变电站新建 35kV 联络线路，加强了 L 县东部和西部地区负荷转供能力，GT 变电站所带的 CX 变电站、XC 变电站等下级电网负荷能够有效通过 GT—HJ 联络线路转移至 HJ 变电站，并通过 ZH 线、TZ 线提供电源支撑，有效提升了 L 县东部地区供电保障和灾害应急处置能力。

🍃 三、总结成效

本案例依托"网上电网"平台，形成三个方面的应用成效。一是平台应用水平得到有效提升。通过"网上电网"平台"规划全过程—基础管理—地理"功能模块，高效便捷地完成了 L 县电网总体情况分析以及区域极端天气和气象灾害分布等研究工作，以图数一体模式全景展示了 L 县冰区、舞动区等气象灾害分布，规划设计人员据此能在项目储备阶段提前研判实施风险，为夯实公司规划前期工作质量、助力项目高效落地提供了坚强技术支撑。二是案例应用成果得到充分发挥。完成 L 县地区典型的电网防灾抗灾能力提升专题研究，提出了相应解决措施，保障了 ZL 变电站—LS 变电站第三回电源新建工程以及 GT 变电站—HJ 变电站 35kV 联络线路新建工程必要性研究论证，有效解决了 220kV ZL 线、LZ 线及 110kV GT 变电站、DM 变电站受地区极端灾害影响产生的供电薄弱问题，有力辅助了公司主干网架及配电网防灾补短板专项规划编制，对于推动地区电网供电保障能力提升和新型电力系统建设目标实现具有典型示范意义。三是案例应用成效得到充分推广。本案例依托"网上电网"平台的应用模式和分析方法，通过叠加平台"地理"和"电网"两张图的功能，有效解决了项目储备阶段由于缺乏自然气象条件等环境基础信息造成的规划深度不足、设计返工等问题，促进了规划工作效率和设计支撑水平的综合提升。对于研究地区电网防灾抗灾和应急保障能力具有较好的参考价值。

主要完成人：俞　飞　廖　雨　李冰倩　薛少强

八、加强投资问效评估

9. 依托"网上电网"开展 F 市配电网
投资效率效益评价分析

🍃 一、背景介绍

F 公司贯彻落实国家电网公司高质量发展工作会议暨2024年第二季度工作会议要求，以高质量发展为出发点开展配电网投资问效专项行动，依托"网上电网"的"新型电力系统统计—设备统计""高质量发展统计—生产统计/投资统计/县公司统计分析""配网规划"等功能，对 F 市整体和各区县 2023 年 10kV 及以下配电网建设和投资情况开展效率效益评价分析。

区别于既往跨部门沟通、多系统提取、人工线下汇总的数据收集方式，F 公司首次运用系统工具，高效获取评价期内不同评价指标所需参数，科学集成配电网投资评价指标体系，形成了数据翔实、客观呈现的 F 市配电网投资效率效益评价分析报告，为进一步指导电网规划，服务配电网精准投资奠定坚实基础。

🍃 二、应用详情

基于配电网投资评价指标体系，从供电能力、供电质量、网架结构以及投资效益四个方面对 F 市及其区县的配电网投资效率效益进行评价分析：通过对比 2022～2023 年电网相关数据，F 市 10kV 及以下配电网供电能力持续提升，设备重载率下降，户均配电变压器容量增加；网架结构得到进一步优化，互联互供率及标准化水平提高；供电质量方面，供电可靠率稳步上升，线损率持续改善；投资效益方面，单位增售电量持续提升。具体指标分析如下。

（一）供电能力

1. 电网规模显著增长

全市 2023 年 10kV 线路长度、配电变压器容量、开关个数同比增幅分别达到 5.5%、8.3%、22.3%，其中，Y 区、C 县、C 市等区域的指标增长尤为突出，F 市负荷承载力持续增强。

以 10kV 公用线路为例，通过"首页—统计分析—设备统计—设备集成—配网设备集成"模块，可以获取到各区县 2022～2023 年 10kV 公用线路规模，10kV 公用线路明细示意图如图 1 所示。

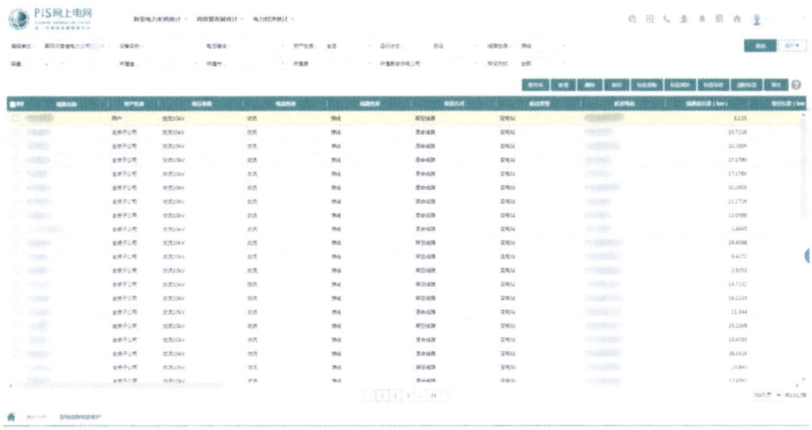

图 1　10kV 公用线路明细示意图

通过对各区县线路规模数据进行梳理，可以看出 C 县和 Y 区增长最为明显，线路长度增幅分别达到 12.25% 和 11.21%。

2. 重载问题明显改善

随着 2023 年配网投资项目的完成，F 市 10kV 及以下配电网的供电能力大幅提升。10kV 线路重载率从 12.25% 降至 6.28%，公用配电变压器重载率从 3.5% 降至 2.1%，重载问题得到明显缓解。

以 10kV 线路重载率为例，利用"首页—电网规划—配网规划—电网—10kV"模块，可以查询 2022 年和 2023 年 10kV 线路重载率指标。对比发现，各区县公司 10kV 线路重载问题普遍得到改善，尤其是 Y 县和 S 县，重载率分别降低 6.5 和 3.6 个百分点。依托该模块的按月分析功能，可以进一步分析季节性降温、取暖、灌溉负荷突增是导致线路重载的主要原因。10kV 公用线路重载率示意图如图 2 所示。

3. 户均配电变压器容量显著提升

全市 2023 年户均配电变压器容量达到 2.52kVA，同比提升 8.1%，户均配电变压器容量显著提升。

利用"首页—公共应用—专题应用—户均配电变压器容量"模块，可以查询 2022 年和 2023 年户均配电变压器容量指标数据。对比发现，各区县户均配电变压器容量均有不同程度的提升，其中 Y 区和 F 区提升幅度最大，分别提升 3.8%和 2.1%。2023 年户均配电变压器容量示意图如图 3 所示。

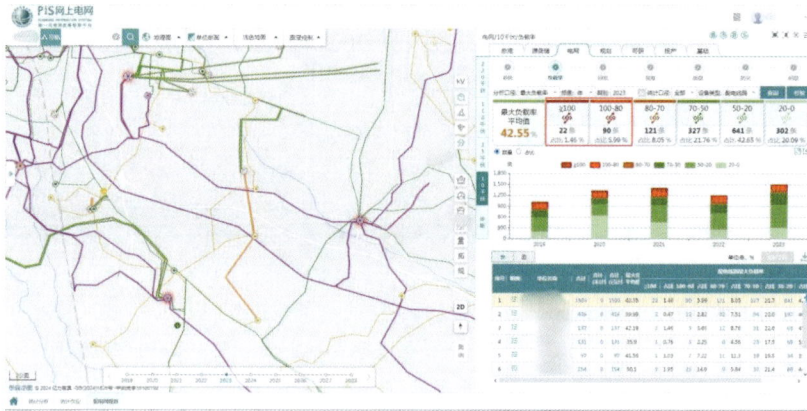

图 2　10kV 公用线路重载率指标情况

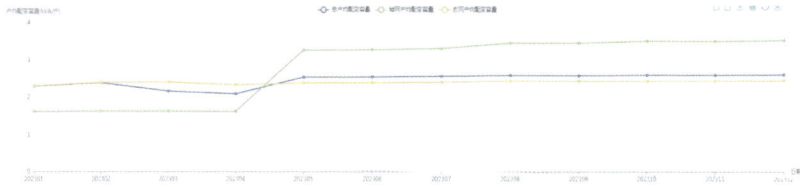

图 3　2023 年户均配电变压器容量示意图

（二）供电质量

1. 供电可靠率稳步提升

全市 2023 年供电可靠率达到 99.9256%，同比增长 0.081 个百分点，整体供电可靠率持续提升。

在"首页—统计分析—高质量发展统计　经济活动分析—采集报表—公司供电质量"报表里，可以查看各区县供电可靠率指标。对比发现，各区县供电可靠率均有所提升，尤其是 C 县、S 县、C 市提升最为显著，分别增长 0.082、0.068、0.066 个百分点，反映了区域供电可靠率稳步提升的趋势。F 市 2023 年供电可靠率示意图如图 4 所示。

2. 综合线损率得到有效压降

全市 2023 年 10kV 及以下综合线损率降至 2.8%，同比降低 1.1 个百分点。

利用"首页—统计分析—高质量发展统计—生产统计—统计作业—报表列表"功能，可以查看各区县 10kV 及以下综合线损率指标。通过数据对比分析发现，各县（区）综合线损率均有所下降，其中 Y 区、F 区和 S 县表现尤为突出，分别下降 0.9、0.7 和 0.7 个百分点。F 市 2023 年 10kV 及以下综合线损率示意图如图 5 所示。

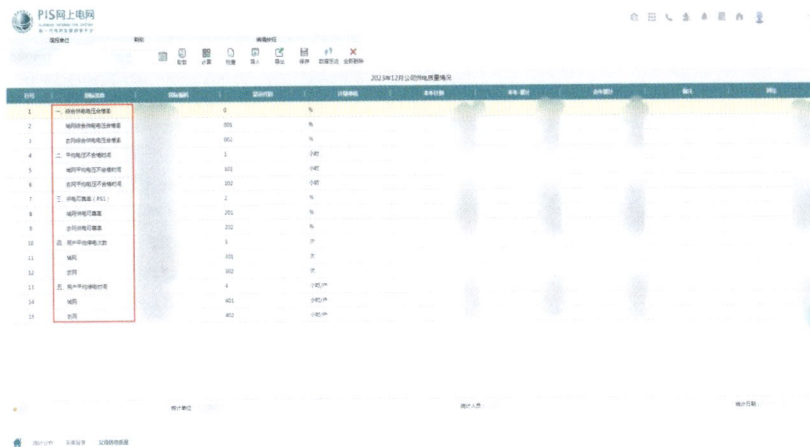

图 4　F 市 2023 年供电可靠率示意图

图 5　全市 2023 年 10kV 及以下综合线损率示意图

（三）网架结构

全市 2023 年 10kV 线路联络率由 75.5%提升至 82.3%，线路标准化接线率由 74.7%提升至 80.5%，表明中压电网互联互通能力及标准化水平进一步增强。

利用"首页—电网规划—配网规划—电网—10kV"模块，查询 2022 年和 2023 年 10kV 线路联络率、标准化接线率等指标信息。对比数据分析，各区县的联络率和标准化接线率均有所提升，其中 Q 县表现尤为突出，联络率从 86%

提升至 91%，标准化接线率从 92.56%提升至 96.63%。全市 2023 年 10kV 线路联络率和标准化接线率示意图分别如图 6、图 7 所示。

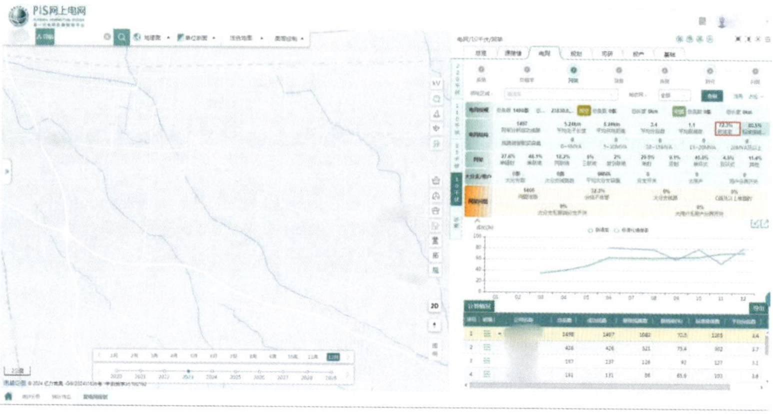

图 6　全市 2023 年 10kV 线路联络率示意图

图 7　全市 2023 年 10kV 线路标准化接线率示意图

（四）投资效益

1. 设备利用效率稳步提升

全市 2023 年 10kV 线路轻载率为 19.01%，相较于 2022 年基本保持稳定，公用配电变压器轻载率从 9.34%降至 5.9%，轻载问题明显改善。

以 10kV 线路轻载率为例，利用"首页—电网规划—配网规划—电网—10kV"模块，可以查询 2022 年和 2023 年 10kV 线路轻载率指标。对比发现，Q 县线路轻载率由 13.21%下降至 7.06%，C 县线路轻载率从 17.76%下降至 13.47%。依托该模块的按月分析功能，可以进一步分析部分线路和配电变压器承担季节性农排机井用电是导致线路轻载的主要原因。F市2023年10kV线路轻载率示意图如图8所示。

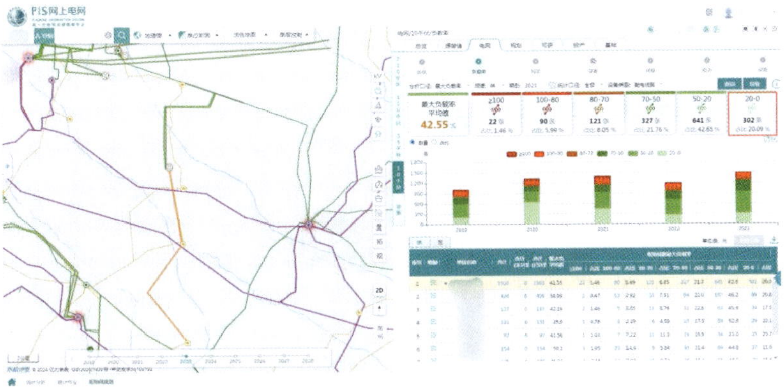

图8　F市2023年10kV线路轻载率示意图

2. 经济效益稳步增长

全市2023年10kV及以下售电量达A亿kWh，同比增长6.52%，电量持续增长。单位投资增售电量为B kWh/元，总投资内部收益率为16%，投资回收期为10.2年，投资与经济效益也保持稳步增长趋势。

通过"首页—统计分析—高质量发展统计—生产统计—统计作业—报表列表"模块，可以导出2022年和2023年各区县10kV及以下售电量数据。通过数据对比分析发现，各区县售电量均保持增长趋势，其中C县增速最快，达到12.28%，其次是F区、C县、C市以及L县，增速分别达到9.15%、7.53%、7.12%、5.4%。10kV及以下售电量示意图如图9所示。

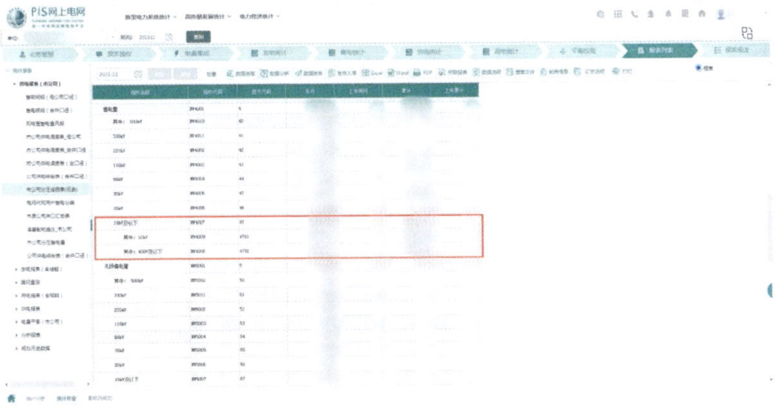

图9　10kV及以下售电量示意图

利用网上电网的"自动智能投资统计效益分析模块的全流程监测"模块，可以获取各区县 10kV 及以下配网的实际投资完成情况。经数据对比分析，Y区、C县、C市三区县投资倾斜最大，2023 年实际投资分别为 C、D、E 万元。10kV 及以下配电网固定资产投资示意图如图 10 所示。

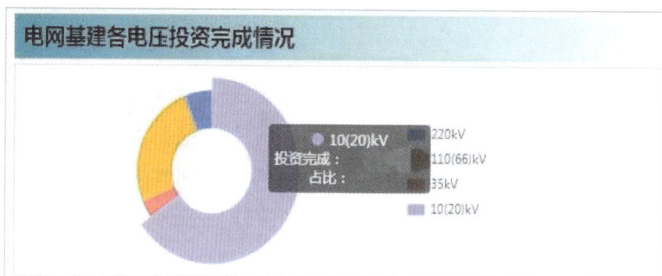

图 10　10kV 及以下配电网固定资产投资示意图

借助"首页—统计分析—高质量发展统计—县公司统计分析—统计作业"模块，可以获取各区县电网公司人力成本数据。经数据对比分析，C市、C县、Y县三区县人力成本投入最大，2023 年人力成本分别为 F、G、H 万元。人工成本统计示意图如图 11 所示。

图 11　人工成本统计示意图

计算各区县单位投资增售电量，C县和C市表现尤为突出，单位投资增售电量分别达到 M kWh/元和 N kWh/元，高于全市平均值。

借助电力工程经济评价软件，输入 10kV 及以下配电网固定资产投资规模、人工成本、10kV 及以下售电量、输配电价等关键参数，可以计算得出各区县经济效益指标。其中，C市、Y县、C县总投资内部收益率相对较高，盈利能力较强。

三、成效总结

　　"网上电网"平台为本次配电网投资效率效益评价分析工作提供了一个强有力的数据支持，主要体现在以下三个方面。一是整体工作效率方面，利用该平台的多项功能模块，能够准确、快速地获取供电能力、供电质量、网架结构以及投资效益四个方面的基础指标数据，协助投资专业从技术指标水平和投资效益执行情况两个维度开展全面分析工作，为 F 市优化资源配置和投资结构、促进配网精准投资奠定坚实基础。二是技术指标方面，针对薄弱环节实施精准投资，如 C 市、C 县和 Y 县等技术指标相对落后的区域，应重点针对存量重过载治理、户均配电变压器容量提升、高损设备改造等方面加大资金投入。三是投资效益方面，对于在电网指标提升上表现突出的区县，如 Y 区、Y 县、S 县以及 Q 县，电网投资精准高效，在下一年度投资中适当增加资金投入，激励其进一步提高电网运行效益。

主要完成人：张　迪　程　然　周　锦　曹　地

九、落实落细线损计划管理

10. 融合应用"网上电网"与"同期线损"深挖降损潜力

🍃 一、背景介绍

以第三产业和居民用电为主的 D 地区，10kV 及以下售电量月平均占比达 80%。其线损压降空间主要在中低压线损层面，随着降损工作的逐年开展，常见线损问题已逐步消除，现存线损异常成因愈发多样化，线损管理进入"深水区"。为进一步挖掘降损空间，D 公司采用"网上电网"与"同期线损"系统交叉结合的技术手段，对线路和用户进行定位，对负荷分布进行定点，可更精准地分析"非经济运行"线路成因，制订对应降损措施，提升工作质效。

🍃 二、应用详情

本案例以 10kV 线路 CL 站 C12 板为例，该线路线损长期在 4%以上，为非经济运行线路（线损率大于 3%的 10kV 线路）。

（一）线路基本情况

按照"公共应用—基础资源—电网—配电线路"路径查询该线路基础档案信息，可看到该线路 2019 年投运，为 110kV CL 变电站的配出线路，线路总长 8km（其中架空线路 7.5km，电缆线路 0.5km）；线路下挂接变压器 11 台（其中公用变压器 8 台，专用变压器 3 台），总挂接容量 7500kVA，为小负荷线路（见图 1、图 2）。

（二）非经济运行原因分析

在使用"同期线损"系统对基础档案、电量采集、线变关系、线路互供等进行分析的基础上，进一步融合运用"网上电网"平台开展深入分析。

图 1　线路基础情况

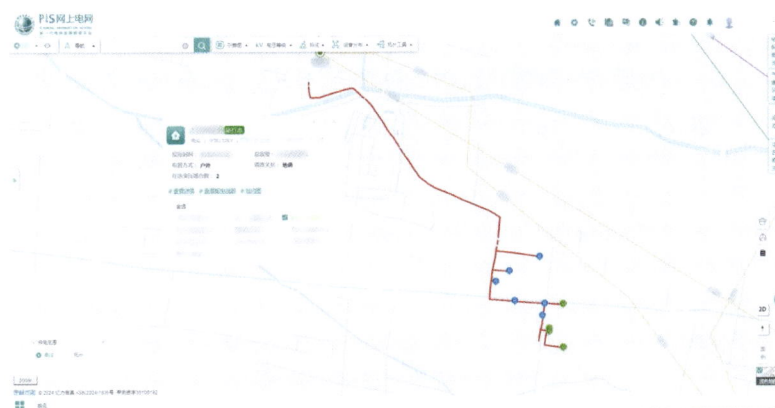

图 2　线路 PB 总览

1. 模型档案分析

模型配置方面：该线路模型配置较为简单，且不存在台区反送的情况，线路输入模型配置中仅有线路关口表，线路下未配置联络开关，线路模型配置正确。基础档案方面：通过对公用变压器容量核查及关口表倍率核查，可确认现场配电变压器容量与系统报装容量相符，实际倍率与系统倍率一致。

2. 采集情况分析

该线路未直接挂接光伏用户，线路下挂接 6 个公用变压器（其中 5 个农排公用变压器）、4 个专用变压器，其中公用变压器容量 1000kVA，专用变压器容量 6000kVA（共两个用户）。

核查后，该线路采集率 100%（见图 3），且线路所属母线不平衡率稳定处于 0.2% 左右（见图 4），线路下台区线损稳定达标（见图 3），由此可以判断关口采集无问题。

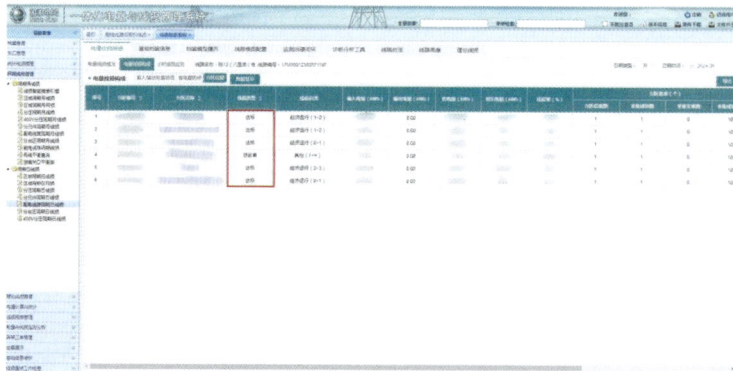

图 3　线路下台区线损情况

图 4　关口所属母线平衡情况

3. 互供情况分析

根据线路线损情况来看（见图 5），该线路为持续非经济运行线路，且供电量、售电量较为稳定，无大幅度波动，判断线路当前无互供情况。结合"网上电网"平台，分析线路分布（见图 13），该线路仅可与 C3 板、C11 板进行联络，同时结合 C3 板、C11 板线损情况，发现线损同样稳定达标，由此进一步论证该线路当前与其他线路未互供。

图 5　C12 板线路线损情况

4. 线变关系分析

线变关系核查时，发现线路构成简单，线路实际线变关系与系统一致，线路下共计 6 个公用变压器、2 个专用变压器用户（其中一户有 3 台专用变压器），其中 6 个公用变压器中 5 个为空载农排台区，用电量较小；2 个专用变压器用户中 1 户为停产状态，另一户用电量较大，用户电量占线路总售电量的 90%以上，线损相关性系数达到了 0.91（见图 6）。

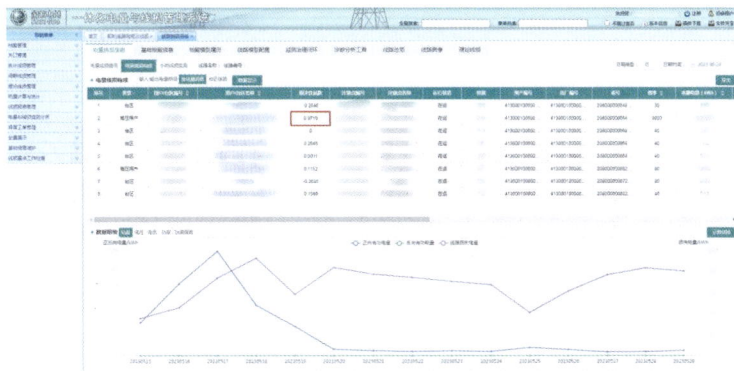

图 6　用户相关性分析

使用"网上电网"平台的"地理图"功能，查看该线路网架结构情况，发现D 市 XF 区 HYZJ 有限公司（简称"该用户"），地理位置处于整条主干线路最末端（见图 7）。结合以上分析，初步判断线路非经济运行原因与线路负荷有关。

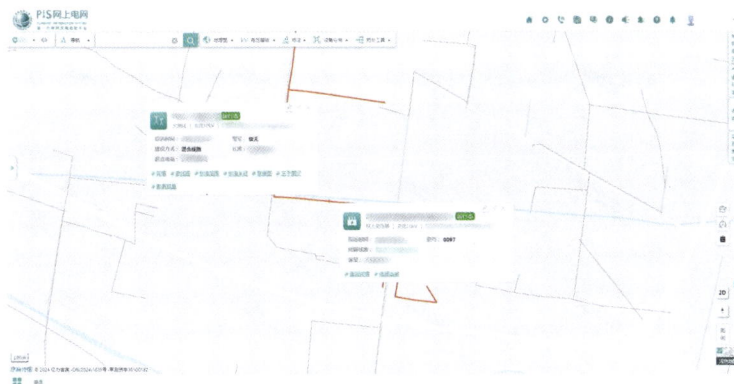

图 7　用户 D 市 XF 区 HYZJ 有限公司位置处于线路末端

5. 负荷情况分析

按照"公共应用—电网/用户—配线高压用户—线路名称/用户名称—运行情况/用户负荷"路径，查询线路/用户负荷情况，对比 C12 板公专用变压器平均负荷，发现该用户（报装容量为 6000kVA）负荷占线路总负荷的 93.76%（线路日负荷 7.4MW，该用户负荷 6.9MW）（见图 8、图 9）。

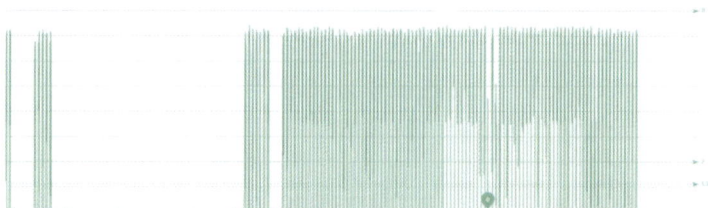

图 8　C12 板线路负荷情况

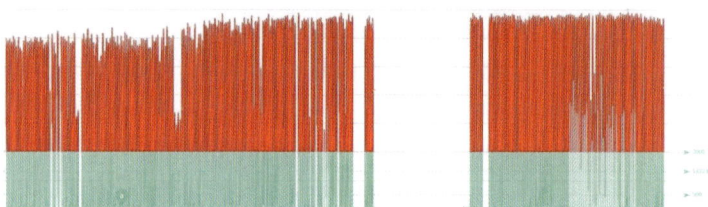

图 9　重点用户负荷情况

结合"同期线损"系统月电量来看，该用户电量占整条线路电量的 95%（如 2023 年 4 月，用户用电量 93 万 kWh，线路售电量 95 万 kWh，见图 10、图 11），导致用户用电量大时整条线路主干线负载较高，线路线损率较高，初步判定该用户对该条线路线损率影响较大。

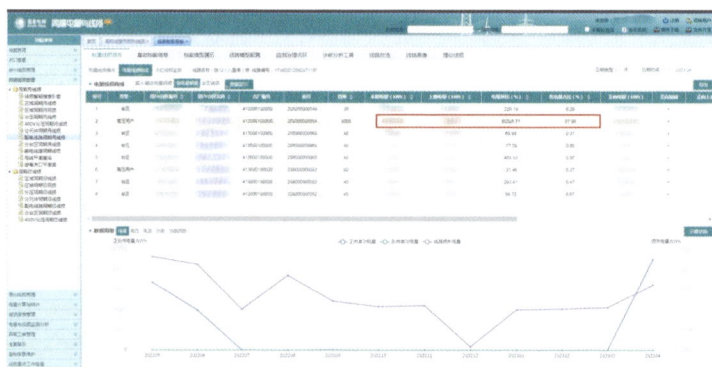

图 10　用户售电量占比情况

6. 负载情况分析

使用"公共应用—指标查询—指标看板—电网诊断指标追溯—配电线路"，C12 板线路本年最大负载率为 84.64%，平均负载率 9.78%（见图 12），负载率超过 80% 的次数为 145 次，累计时长 48.5h。根据用户负荷情况可看出，1～2

月因春节因素影响，是该用户生产用电淡季。

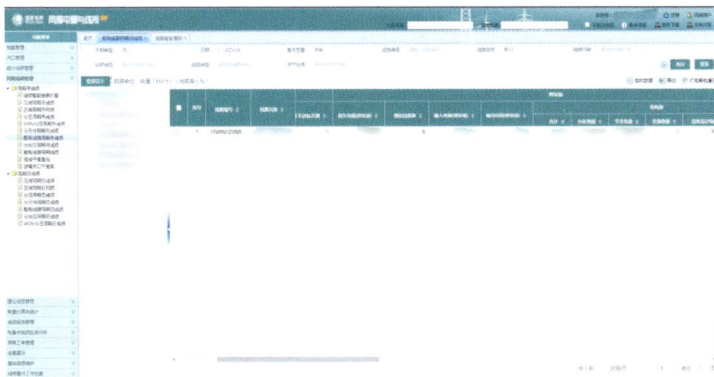

图 11　线路售电量情况

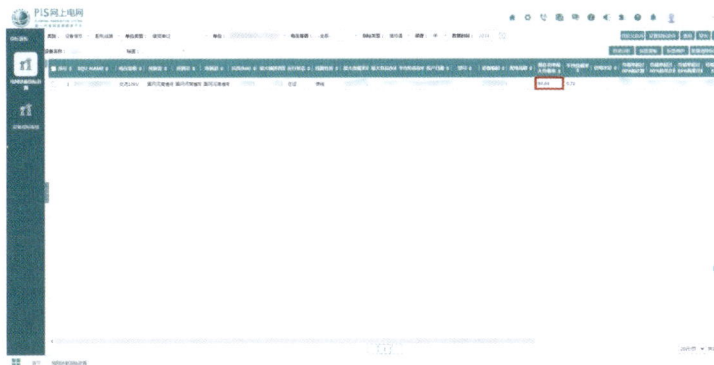

图 12　C12 板线路负载率

（三）降损思路及方案

综上所述，该线路线损率较高的原因为大负荷用户处于线路末端，用户生产高峰期负荷较大时，整条线路主干线均处于高负载状态，线路负载率高，导致线路主干线损耗较大、线损率偏高。结合该情况，初步提出"用户切改、建立联络、改造线路"三种方案。

1. 方案制定

方案一：将该用户切改至其他线路上，减轻当前线路负载。

使用"地图模式—首页—变电站—CL 站—地图上点击 CL 站—配电线路—勾选—切换上面地理图变成专业图"功能，对该用户附近线路进行定位（见图 13），发现用户较近的线路为 C3 板、C4 板、C11 板，其中 C3 板与 C12 板存有联络点，可随时切转负荷。距 C4 板最近连接点（0.4km）、C11 板最近连接点（1.4km）需根据现场实际线路走向增加线段和杆塔后，才可进行负荷切改及线变关系调整。

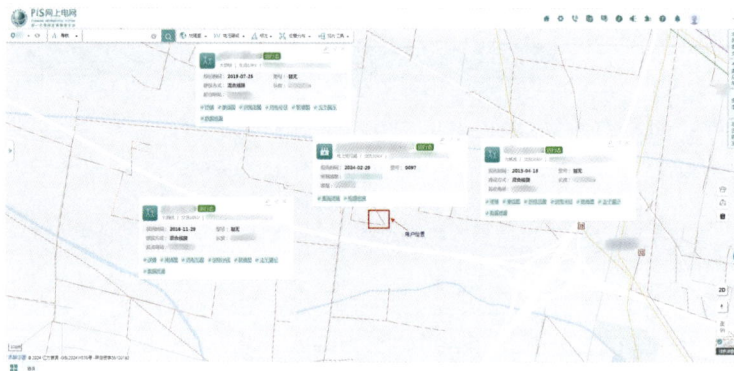

图 13　用户附近线路测距

综合 C3 板、C4 板、C11 板线路布局情况来看（见图 14），该线路同样位于这三条线路末端，若将该用户进行负荷切改，虽可解决 C12 板线损偏高问题，但会同步增加切改后线路线损，导致被切改线路非经济运行。

图 14　用户附近线路布局

方案二：建立联络关系，与其他线路进行负荷互供。

在该用户挂接点与其他线路建立联络关系，用户高负荷生产时，通过两线供一户的方式，拉低线路平均负荷，缓解主干线路损耗。通过线路走向情况可直观看出，离该线路最近的线路为 C3 板、C4 板（见图 15），其中 C3 板距离最近，且目前已建立有联络线路，随时可进行负荷切改。

根据 C3 板全线总览图来看，该用户同样位于 C3 板负荷末端（见图 16），若进行负荷切改，则两条线路均会受到影响，且该用户附近由 C3 板供电的台区较多，若进行联络（随着用户负荷增加，供电电压会加大）和供电电压的加大，存在周围用户电器烧坏及投诉风险。

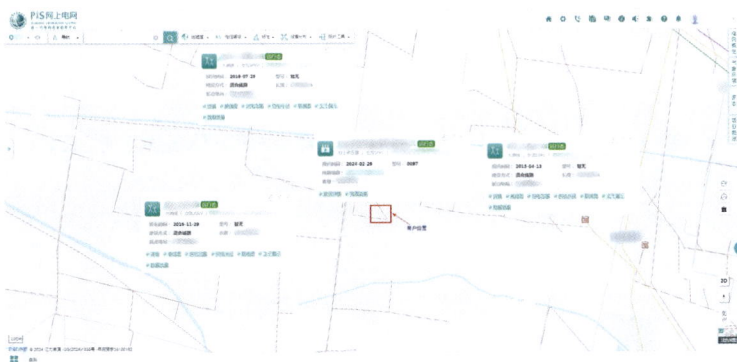

图 15　用户附近线路分布情况

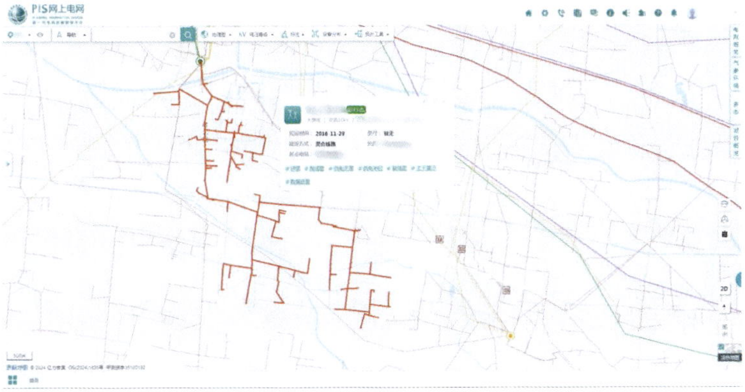

图 16　C3 板线路走向情况

方案三：进行主线路改造。

如图 17 所示，当前主干线架空线型号主要为 JKLYJ—10—240、JKLYJ—10—120，可将主干线均更换至 JKLYJ—10—240 能容纳较大电流型号的导线，改造长度约为 3km 架空线路，改造后降低线路平均负载率；但线路主干线改造需列配网项目，随着配网投资批次下达才可实施，改造费用约为 39 万元，从造价及投入产出效益来看，时间成本、投资成本较高，但实际效益较低。

2. 方案对比性分析

该线路月度损失电量约为 5.7 万 kWh，年度损失电量约 60 万 kWh，按照输配电价折合约 35 万元/年。

综合以上方案来看，第一种方案治标不治本，虽能有效解决 C12 板线路非经济运行问题，但会导致其他线路非经济运行，从综合降损效益来看无明显

图 17　C12 板型号截图

价值；第二种方案无须投资，当前可实施，但切换后随着该用户生产计划的调整及用电量增大，周围用户存在电器烧坏及投诉风险，用户负荷较大时不建议采用；第三种方案投资较高且周期较长，线路改造后仍存在固定损耗，仅可小幅降低线损率，线路投入产出效益不明显。

经过小组讨论及经济效益评估对比分析，实际问题为用户附近无最优供电电源，当前无最优解决方案，仅可在该用户负荷较小时，可采用方案二。当前已将该情况报备规划专业，若该用户附近有新建电源点，及时进行负荷切改，从根本上解决问题。

三、成效总结

根据以上分析，可见通过"网上电网"系统对线路及用户进行定位、对设备参数和运行数据调取等功能使用，明确了线损原因，支撑了降损方案。主要取得了三个方面的成效：一是支撑降损方案制定更加科学。通过精细化的计算和科学的分析，确定了短期和长期的解决方案，确保了电网产出效益。二是实现了工作模式的转变。平台在线直观展示线路线损分析数据，提供问题诊断和方案比选技术支持，实现了从"人工跑腿"到"图数跑腿"工作模式的变革。三是极大提高了工作效率。数字化智能化手段赋能线损分析、电量损失点锁定、降损措施制定等，人财物资源消耗持续降低，有力支撑中低压降损工作高质量开展。

主要完成人：王绮梦　刘　平　陈　鹏　张　媛

胡江雪　杨浩宇　杨国庆

十、高标准开展统计工作

11. G 市 Y 县 YZ 村 110kV 输变电工程四率合一监测预警分析

一、背景介绍

近年来，投资统计核算方式由"形象进度法"向"财务支出法"转变，对四率合一指标体系影响深远。G 市依托"网上电网"平台，深化四率合一监测体系应用，推动项目全流程闭环管控，打通了专业壁垒，构建数据共享、业务共治、协同共用的项目全流程体系。本案例以 G 市 Y 县 YZ 村 110kV 输变电工程为分析对象，通过监测电网基建项目现场建设进度、投资完成进度、财务入账进度、物资供应进度，剖析项目预警的原因，切实发挥"电子检察官""行为记录仪"作用，有效防范风险，高效落实投资计划。

二、应用详情

Y 县东南部 ZD 镇、XL 镇、FP 镇、LB 镇缺少 110kV 电源点，主要由 35kV YZ 变电站（25MVA）、FP 变电站（30MVA）供电，2024 年最大负荷分别为 28、26MW，负载率 89%、98%，存在重、过载问题。同时该区域存在供电半径长、负荷转移困难、电能质量较差、低电压的问题，供电可靠性不能保证，亟须新增 110kV 电源点。

Y 县东南部地下矿产资源丰富，站址选择困难，因此考虑在 35kV YZ 变电站原址上新建 110kV YZ 变电站。规划建设的 110kV YZ 变电站终期规模 120MVA，本期规模 60MVA，电压等级 110/35/10kV。110kV 出线终期 2 回，本期出线 2 回，均至 220kV JS 变电站，分别占用 110kV 配电装置从北数第一、第二出线间隔。35kV 出线终期 2 回，本期出线 2 回，其中 1 回至 CJ 变电站，1 回至 FP 变电站。10kV 出线终期 20 回，本期出线 8 回，其中 3 回备用。能够满足 Y 县东南部负荷发展需要，通过新建其 10kV 配出线路与周边相邻 10kV

线路实现联络，可以提高区域配电网互供能力和供电可靠性。如图1所示。

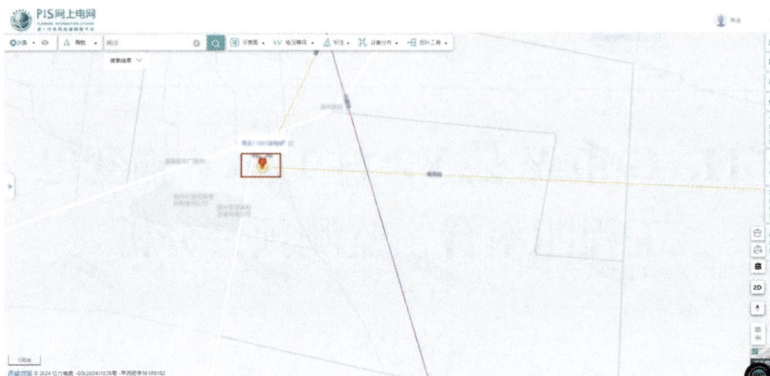

图1　110kV YZ变电站建设必要性情况示意图

下面以G市Y县YZ村110kV输变电工程为例，基于"四率合一预警分析管理"功能，从发展、基建、财务、物资、调度等方面多维度项目预警监测分析，对项目各环节风险进行逐一排查。

G市Y县YZ村110kV输变电工程在"四率合一"监测中未出现红色预警、黑色预警，项目数据满足指导线规则。在常规预警中触发初设总投资准确率预警，如图2、图3所示。

图2　G市Y县YZ村110kV输变电工程红色预警情况示意图

（一）"四率合一"预警分析

G市Y县YZ村110kV输变电工程2024年1月新开工，2024年下达投资计划X万元。截至2024年3月底，累计完成投资采集值Y万元，投资校核值Z万元，采集值与校核值一致无偏差。如图4所示。

图3　G市Y县YZ村110kV输变电工程常规预警情况示意图

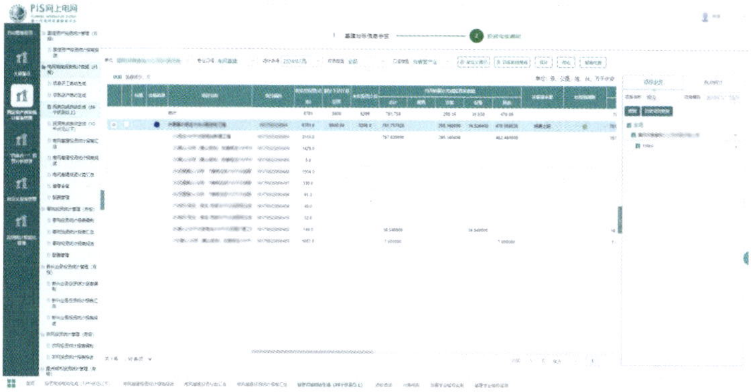

图4　110kV YZ变电站投资完成情况示意图

1. 指导线可计算性分析

该工程项目合同与项目由系统自动关联，合同费用类型正确无误。自开始累计入账成本含税＝建筑入账成本含税＋安装含税＋设备含税＋其他费用含税，项目建设进度不为0，根据系统规则，该项目指导线可计算。如图5、图6所示。

图5　G市Y县YZ村110kV输变电工程合同维护情况

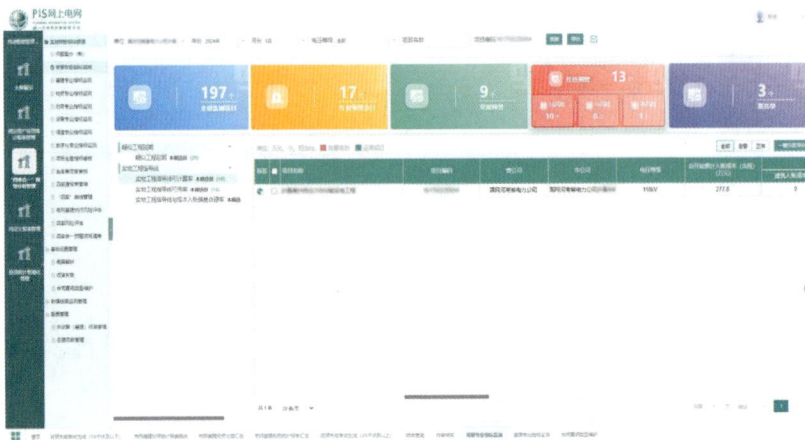

图 6　G 市 Y 县 YZ 村 110kV 输变电工程指导线可计算情况

2. 指导线可用性分析

在校验满足实物指导线可计算的基础上，开展指导线可用校验。截至 2024 年 5 月，在项目投产前的实物量指导线值为 A 万元，概算为 B 万元，项目指导线值不为空，且在概算的 0～90%，该项目指导线计算可用，如图 7 所示。

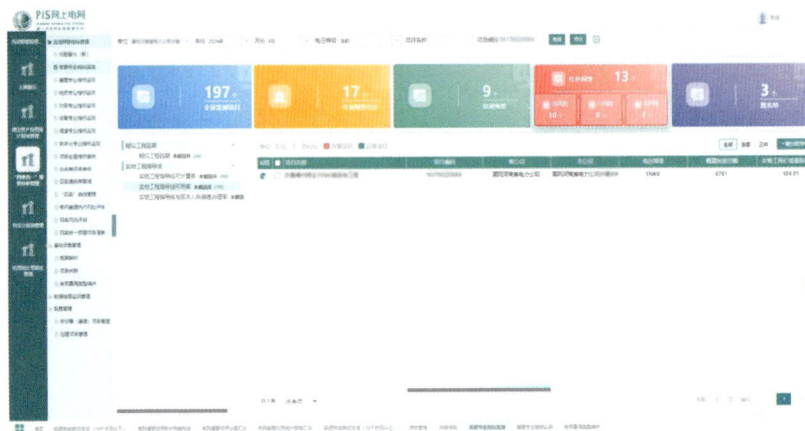

图 7　G 市 Y 县 YZ 村 110kV 输变电工程指导线可用情况

3. 实物工程指导线与成本入账偏差分析

截至 2024 年 5 月，该工程自开始累计入账成本（含税）C 万元，概算 D 万元，实物工程指导线与成本入账偏差 1.37%，满足偏差在 1%～10% 的合理范围。核查项目单项关联情况，基建单项与 ERP 单项关联正确，并无缺失、错误的关联情况，排除系统中项目进度与实际进度不符的外部因素，G 市 Y 县 YZ 村 110kV 输变电工程指导线与成本入账偏差合理，如图 8 所示。

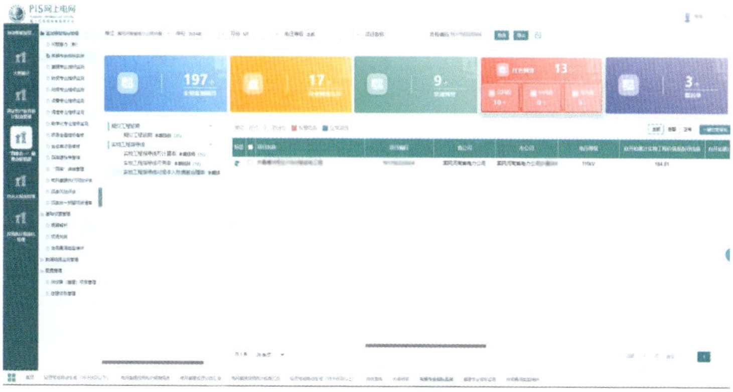

图 8　G 市 Y 县 YZ 村 110kV 输变电工程指导线偏差情况

（二）建设规模、进度异常分析

1. 建设进度异常分析

截至 2024 年 5 月，该工程在"四率合一"断面数据查询模块中分别查询"曲线结果表""施工进度计划表 2.0"，查看项目的实际建设进度、分部分项的建设进度等情况，发现曲线结果表中，实施建设进度与施工进度计划表 2.0 中的实际进度不匹配。针对该情况，一是组织建设管理部门核实 e 基建 2.0 系统中，项目是否已按实际情况维护建设进度；二是协调数据中台核实数据链路是否有问题；三是在数据维护准确之后，按照数据传输路径，步步核查推送，最终确保项目数据闭环。如图 9、图 10 所示。

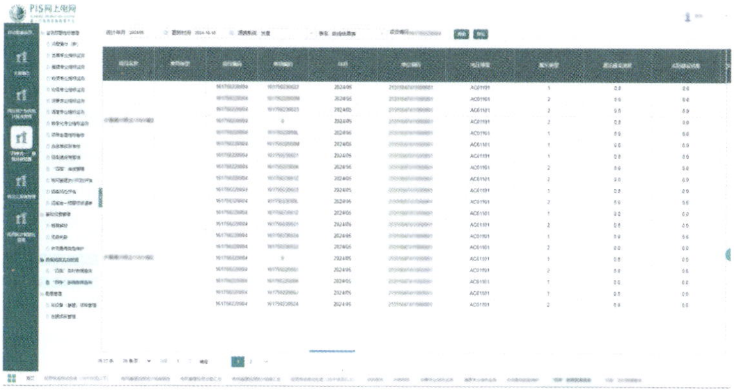

图 9　G 市 Y 县 YZ 村 110kV 输变电工程曲线结果表

2. 建设规模异常分析

截至 2024 年 6 月，该工程在"四率合一"监测中出现"初设总投资异常"

预警，按照监测规则："项目初设总投资（静态）=初设投资四项费用之和，或项目初设总投资（静态）=初设投资四项费用及基本预备费之和"。如图11所示。

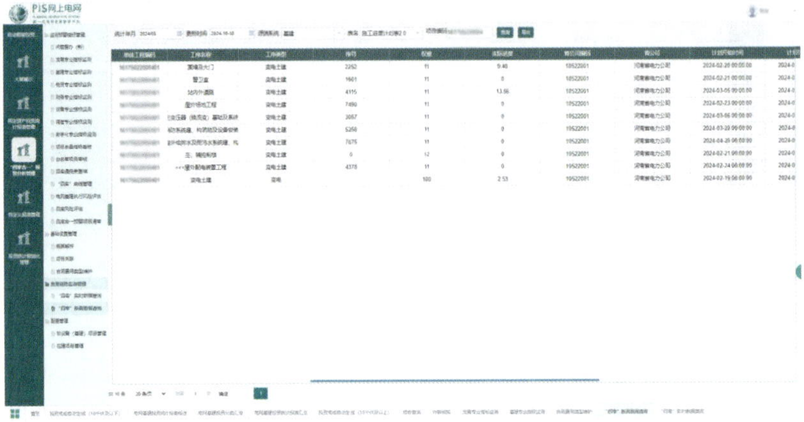

图 10　G 市 Y 县 YZ 村 110kV 输变电工程施工进度计划表 2.0

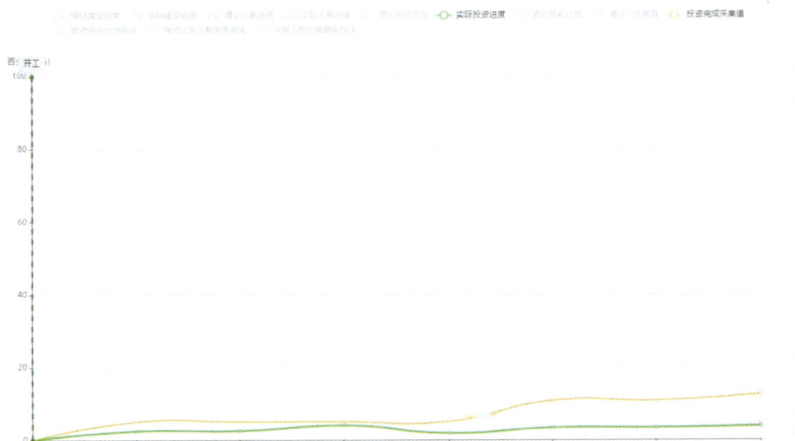

图 11　G 市 Y 县 YZ 村 110kV 输变电工程四率曲线图

再经核查，项目初设总投资（静态）E 万元，初设投资四项费用及基本预备费之和为 F 万元和 G 万元，不满足监测规则。通过预警信息倒推 E 基建 2.0 系统，发现该项目单项 1.4 箕山—汾陈（箕山变侧）改接杨庄 110kV 线路工程（架空部分）中，有特殊项目费用 H 万元，在 e 基建造价对比分析中，不能分摊至四项费用中，导致项目出现异常，结合该特殊情况综合国家电网公司总部已经加入白名单解决。如图 12 所示。

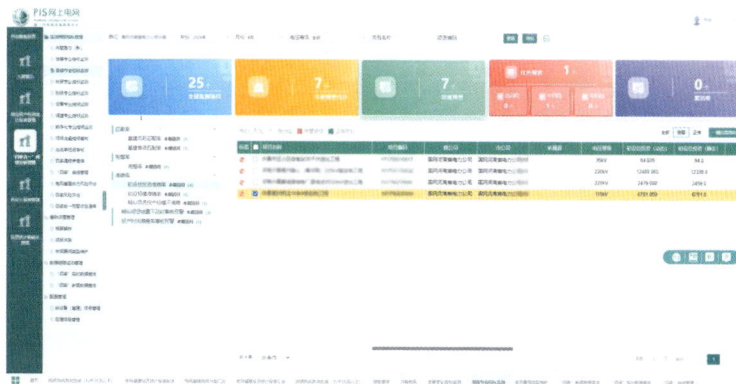

图 12　G 市 Y 县 YZ 村 110kV 输变电工程初设总投资预警

三、成效总结

　　本案例借助"网上电网"平台，依托"网上电网"平台的"四率合一预警分析"管理模块，开展了 G 市 Y 县 YZ 村 110kV 输变电工程的预警信息分析和治理。一是强化电网项目投资、建设、物资、成本进度监测预警，解决了源端数据维护不到位，专业衔接效率低等问题，实现了源端数据直接采集、异常信息智能抓取、业务问题协同治理。二是利用"网上电网"平台的异常数据监测，及时核查到 G 市 Y 县 YZ 村 110kV 输变电工程项目施工进度与建设进度不一致的问题，通过预警提示信息迅速核查定位问题原因，避免了风险，为项目工程进度保驾护航。三是通过 G 市 Y 县 YZ 村 110kV 输变电工程项目应用使工作体系发生了转变，由事后补救转变成事前预警、事中管控、事后提升，促进构建数据共享、业务共治、协同共用的项目全流程体系。

主要完成人：宋　珂　张　淦　张志郑

第二篇

发展业务应用篇

深化发展业务基础应用。紧密贴近创新编制电网发展规划、优质高效开展项目前期、精益制定综合计划、科学开展投资评价、精准支撑统计工作等五类发展业务，深入推进"网上电网"实用化应用，数字化赋能专业、赋智基层的能效持续提升。遴选 8 篇典型应用实践，具体为：辅助输电网项目上图、创新开展通信网规划、优化区域主网网架、助力构建零计划停电示范区、服务前期精益化管理、开展项目后评价、支撑综合计划全流程管控、油田基地移交电网升级改造等工作。每项应用均选题特征鲜明、逻辑结构清晰、内容扎根实际、数据佐证翔实，助于整体把握平台支撑发展业务的基础应用，推动关键业务在线化开展，促进平台实用化水平不断提高，助推新型电力系统规划构建。

一、创新编制电网发展规划

12. "网上电网" 500kV 电网规划项目上图全过程难点解析

一、背景介绍

2024 年 3 月，国家电网公司全面加强"网上电网"输电网规划项目管理。要求依托平台完成"十四五"500kV 输电网规划项目 100%图上绘制、项目确认和纳规发布。河南公司作为四家试点单位之一，多轮次选派规划专家，积极支撑总部开展输电网规划功能优化工作，提出数十项完善建议。同步，深入研究分析和解决上图全过程的难点，形成了可复制、可推广的典型经验。组织专项团队，历经半年，圆满完成河南 500kV 输电网规划项目上图入库、现状态和规划态主网架图在线自动生成打印等关键任务，为推进输电网规划一张图落地应用奠定了坚实基础。

二、应用详情

1. 工作总体概况

河南公司按照"以用促建"理念，作为第一批试点单位，研究应用"网上电网"输电网规划新功能。选派省经研院规划专家近 10 人次，赴北京、济南等，支撑总部开展实用化验证和功能优化，结合工作实践提出完善建议。在规划项目图上绘制、项目确认和纳规发布等全过程，基于发现、分析和解决问题的思路，逐环节解析消除难点，圆满完成既定任务，并积极贡献了输电网规划一张图应用落地的河南方案，获得总部积极肯定。

截至目前，已实现河南 500kV 输电网规划项目库可视化，如图 1 所示。具体来讲，原规划库中"十四五"500kV 输电网项目共 53 个。其中，32 个项目绘制上图；21 个项目因投产（16 个）和调整（5 个）等原因，不进行绘制上图。

93

对于 32 个需绘制上图项目，若可研已审，则基于可研站址位置和线路路径，完成线上绘制；若可研未审，则基于规划站址，且按照线路路径合理避开村庄、楼房或厂区屋顶等原则，完成线上绘制。

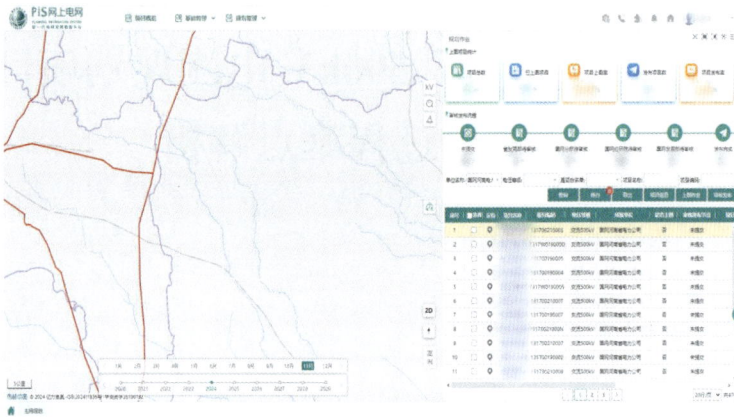

图 1　河南 500kV 项目上图情况总览

2. 研究解决部分项目已投运但与平台项目阶段状态不符的难点，提升上图率核算的准确性

此类已投运项目在实施全过程阶段中，同一项目出现两个编码。如：T 市 GC 扩、F 市 SM 变电站、B 市 JN 变电站、E 市 LZ 扩、S 市抽蓄电厂送出工程、C 市 GD 扩和 C 市 WZ 扩等 7 个项目，实际已投产，但平台规划作业模块中显示处于"项目开工或综合计划下达"等阶段，与实际情况不符。

以 T 市 GC 扩项目为例，平台中规划阶段的编码为 1317W0190003，但竣工投产阶段编码为 131700190002。同一项目在规划、可研、计划、统计、基建和 ERP 等专业系统中项目编码不一致，导致规划和竣工投产阶段提取项目状态信息不一致，见图 2。此类已投运且不应上图的项目，会被平台判断为需要上图，造成上图率核算偏差。

经研究实践，采取优化并链接同一项目不同阶段的项目编码的方法，已完全解决项目出现多个编码的历史遗留问题，提高了规划项目上图率的准确性。

3. 研究解决部分项目本应调出项目库但平台页面依然呈现的难点，提升上图率核算的准确性

平台上图项目是从 PSDB 系统项目库直接导入，其中，存在 5 个项目为本应调出且不应上图项目，平台无法识别，为仍然呈现的状态。如：C 市电网网架优化工程、C 市 WZ～GQD 500kV 输变电工程、F 市 LY 电厂二期送出工程、YM 异地扩建送出工程和 S 市 DZ 电厂送出工程等。因平台无权限删除此类冗

规划投产时间	是否有多个编码	调整后项目编码（统计的投资完成月报中有投产时间的为该项目编码；若改为此项目编码，可能会造成项目卡其他阶段信息有误）	调整后项目名称	情况描述（在专业模块使用的项目编码，专业涉及的具体阶段不确定，仅供参考）						目前规划库显示阶段
				规划（规划阶段）	可研（可研阶段）	计划（计划阶段）	统计（竣工投产阶段）	基建（工程前期阶段）	erp（工程建设阶段）	
2022-05-30	是	131700190002	T市GC扩	1317W0190003	131700190002	1317W0190003	131700190002	1317W0190003	1317W0190003	综合计划下达
2022-01-01	是	131700190003	F市SM变	1317W0190002	131700190003	1317W0190002	131700190003	1317W0190002	1317W0190002	综合计划下达
2022-05-30	是	1317W0190006	B市JN变	1317W0190006	1317W0190006	1317W0190006	1317V0190006	131700190008	131700190008	综合计划下达
2021-05-30	是	131700190007	E市LZ扩	1317W0190001	131700190007	1317W0190001	131700190007	1317W0190001	1317W0190001	综合计划下达
2021-08-01	是	131700150048	S市抽蓄电厂送出工程	1317W0190005	1317W0190005	1317W0190005	131700150048	131700150048	1317W0190005	项目开工
2021-05-30	是	131700190004	C市GD扩	1317W0190007	131700190004	1317W0190007	131700190004	1317W0190007	1317W0190007	综合计划下达
2021-05-30	是	131700190005	C市WZ扩	1317W0190009	131700190005	1317W0190009	131700190005	1317W0190009	1317W0190009	综合计划下达

图2　已投运项目编码混乱的7个项目

余项目，也无法对 PSDB 系统项目库中的项目状态进行识别，此类项目会被平台判定为应该上图，导致上图率核算偏差。

经研究实践，采取协调管理单位在 PSDB 系统项目库删除冗余项目的方法，解决全部遗留问题，提高了规划项目上图率的准确性。见图3。

项目名称	项目编码	电压等级	所属单位	备注	申请编码年份	拟删除原因
C市电网网架优化工程	1317W019000A	交流500kV	国网河南省电力公司	拟调出	2019	C市电网网架优化工程和C市WZ～GQD 500kV线路工程已合并，并已重新入库
市WZ～GQD 500kV线路工程	1317W019000C	交流500kV	国网河南省电力公司	拟调出	2019	C市电网网架优化工程和C市WZ～GQD 500kV线路工程已合并，并重新入库
F市LY电厂二期送出工程	13170021000K	交流500kV	国网河南省电力公司	拟调出	2021	电源未核准
YM异地扩建送出工程	13170021000J	交流500kV	国网河南省电力公司	拟调出	2021	接入系统方案有变化，并以T市NLC等容量替代电厂500kV送出工程重新入库
S市DZ电厂送出工程	13170021000H	交流500kV	国网河南省电力公司	拟调出	2021	电源未核准

图3　平台仍显示本应调出项目库的5个项目

4. 研究提出解决项目在平台上图与 PMS 系统导入存在重复问题的建议，保障规划项目上图的一致性

以 C 市 GQD 500kV 输变电工程为例，项目投运前已在平台上图。工程投运后从 PMS 系统源端再次导入，形成该项目重复绘制问题［投运前规划名称为 GQD 变电站，投运后调度名称为 HK 变电站］。后续，极易产生其他规划项目上图后，错误关联该规划项目而非投产项目的问题。如：3 个规划项目［C

市 ZM500kV 输变电工程、河南 C 市 500kV 电网网架优化（含 WZ～GQD）工程、SX—HN 直流受端 500kV 配套工程]与规划上图的 GQD 变线路相连，未与 PMS 系统导入的投运 HK 变线路相连，造成关联项目上图错位。如图 4 所示。

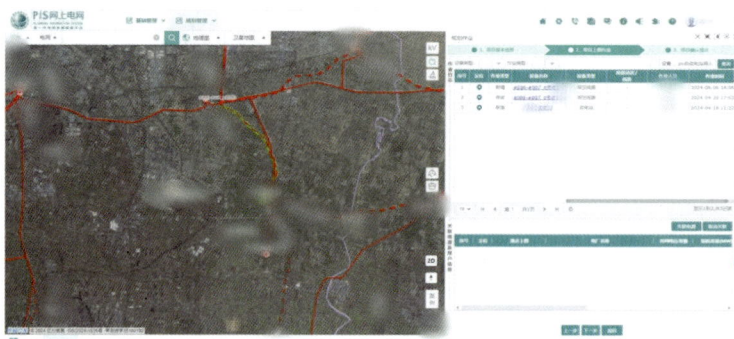

图 4　C 市 GQD 500kV 输变电工程平台上图和后续 PMS 系统
导入造成绘制出现"两张皮"情况

经反复研究分析发现问题根源：平台上图的规划站和后续 PMS 系统导入的投运站，两者不兼容，且无法衔接，导致出现"两张皮"情况。

经研究探索，建议进行平台功能优化。一是实现从 PMS 系统导入投运站后，可自动删除前期已经上图的规划站，且可自动关联其他相关规划项目，确保规划项目上图的一致性。二是平台实现按月切取现状图断面，规划项目按照投运前时间进行规划作业，且上图后规划一张图也可按照现状图断面进行查看。

该问题的发现与分析结论，为后续国家电网公司系统类似情况的研判分析提供了重要参考。功能优化建议实现后，将大幅提高整体工作效率和质量。

5. 研究提出增加项目绘制上图操作日志等信息的建议，实现规划项目上图可追踪历史操作记录功能

以 ZKN 500kV 变电站第二台主变扩建工程为例，该项目绘制上图后，缺少操作日志信息和项目主变规模，一是造成项目信息不完整，二是无法对之前上图作业人员及相关操作内容进行查询，不便于后续持续优化和修改上图作业。

经研究探索，建议进行平台功能优化。针对 ZKN 扩工程等该类新投运项目，加大资源配置，优化上图作业响应速度，增加相应的操作日志功能，便于后续追踪历史操作记录。见图 5。

6. 研究提出对平台已提交审核项目增加自主撤回功能的建议，高效支撑主动发现和纠正上图错误信息工作

以 C 市 ZM500kV 输变电工程为例，该项目绘制上图提交后，至华中分部审核时发现，由于该工程剖接 GD 变电站～GQD 变电站线路段未开口，绘制上图不准确，需要进行纠正。该问题退回流程较长，须结合项目审核进度，从上到下逐级协调完成退回操作，涉及环节和人员较多，工作效率较低。

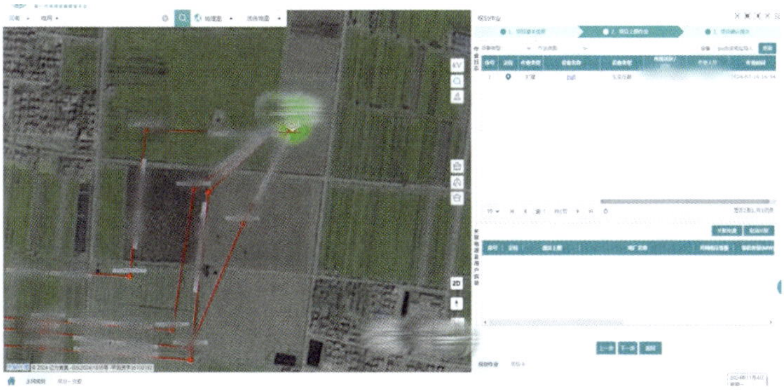

图 5　ZKN 500kV 变电站第二台主变扩建工程上图作业缺少操作日志等信息

经研究探索，建议进行平台功能优化。对已提交审核项目增加自主撤销功能，便于主动发现和纠正上图错误信息。见图 6。

图 6　平台需增加对提交上级审核项目的自主撤销功能

7. 研究提出主网架图集生成时增加删除元素自定义功能的建议，支撑不同场景灵活打印图集工作

在开展河南 500kV 现状态主网架图在线自动生成任务中，完成主网架现状梳理，排查并纠正 18 项网架问题，共解决网架更新、孤立厂站及无头线路剔除、厂站及线路命名规范等三大问题。自动在线生成图集后，500kV ZT 开关站以孤立节点出现，与图集整体呈现不协调，见图 7。

经研究分析，ZT 开关站按 500kV 变电站设计，且据此电压等级编报档案信息。但是，目前实际为降压运行，若修改档案信息中电压等级，则与实际设计不符且与实用化指标里的会报图数不一致。

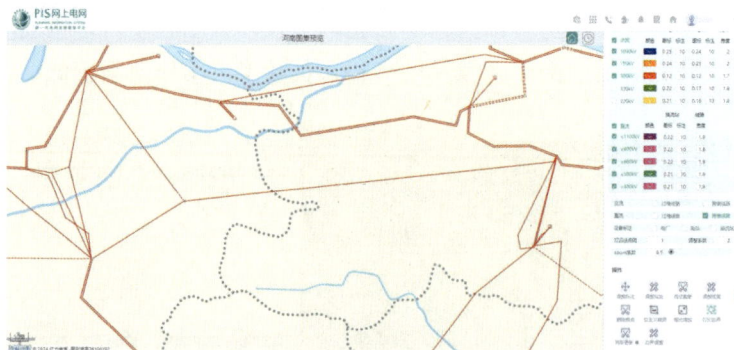

图 7　河南 500kV 现状态主网架在线自动生成图

因此，建议主网架图集生成时增加删除元素自定义功能。这样，则可自主完成删除孤立节点等特殊情况的操作，保持图集整体呈现效果，满足不同场景需求情况下，实现图集灵活打印。

三、成效总结

该案例以推进输电网规划一张图落地应用为落脚点，开展了 500kV 电网规划项目"网上电网"上图全过程难点解析。一是研究解决 2 类难点问题，形成可推广经验。研究解决部分项目已投运但与平台项目阶段状态不符、部分项目本应调出项目库但平台页面依然呈现的难点，提升上图率准确性 25 个百分点。二是研究提出 4 项优化建议，提升实用化能效。研究提出解决项目在平台上图与PMS 系统导入存在重复问题、对平台已提交审核项目增加自主撤回功能等优化建议，分析形成了切实可行的方法措施，促进了规划项目上图一致性提升等工作目标的实现。三是践行"以用促建"理念，圆满完成既定任务。以支撑总部试点任务为平台，以支撑总部试点任务为平台，完成 500kV 规划项目 100%上图纳规等任务，获得总部和兄弟单位的广泛肯定。

主要完成人：邵红博　吴　博　于琳琳　贾　鹏

13. 依托"网上电网"创新开展通信网规划数字化转型实践

一、背景介绍

电力通信网作为与电网共生的"神经网络"与"数字底座",其规划质量直接影响公司与电网的发展成效。当前各级电力通信网规划工作仍采用人工手动方式开展,基层单位普遍面临"两高"对"两弱"困局❶。随着电网转型升级与现代通信技术更新迭代的步伐不断加快,电力通信网规模持续扩大,拓扑结构与技术构成日趋复杂,且承载业务多元多向化趋势凸显,规划工作难度与日俱增。因此,依赖人工手动、静态拓扑和经验分析的传统规划工作方式已捉襟见肘,存在效率趋低、质量欠佳等难以兼顾提升的困局,对后续网络建设、运行等环节的高效衔接和支撑带来较大制约。

2023~2024 年,为推动电网、通信网两个实体网络同步规划、协调发展,更好适应公司和电网数字化转型,服务新型电力系统构建,国网发展部与国网经研院推进基于网上电网开展二次规划的顶层设计工作,河南公司牵头负责通信专业。

二、应用详情

(一)创新打造通信网规划工具

借助"网上电网"平台(以下简称"平台"),采用"源头引领、注重实效,以用促优,先易后难"思路,打造通信网规划辅助工具板块(以下简称"规划工具")。目前,已经完成从省侧数据中台接入来自 TMS 通信管理系统的六大类数据资源(通信站点、光缆、通信设备、通信系统、通信光路、业务通道),涵盖十余万条现状网络信息,每 48 小时自动更新。初步实现了规划光缆拓扑

---

❶ "两高":技术难度高,工作要求高。"两弱":专业配置弱,工具支撑弱。

管理、报表自定义填报、规划指标构建、定制简报生成、数据可视化分析、规划项目与成果管理等 6 大场景，并探索研创通信网带宽需求仿真测算 1 项特色场景。

规划工具于 2023 年投入部分功能验证，并在 5 个市公司开展试用。2024年，在全省 18 个市公司、省经研院、省信通公司共 20 家单位常态化部署应用。辅助规划人员快速分析现况数据，便捷推演发展趋势，高效编制工作报告，推动通信网规划工作由传统"人工手动、静态分析"向数字化"拓扑关联、动态推演"转变。截至目前，已高效优质支撑省、市两级规划人员协同开展"十四五"通信网规划滚动、配电通信网总体设计、骨干光缆网与传输网总体设计等多个重大专项工作。

（二）依托工具开展典型应用实践

1. 应用规划基础数据归集功能提高数据收集分析效率

数据是做好通信网规划的前提，也是数字化的重要基础。在开展通信网规划工作时，首先要做的就是查阅相关各类现状数据，全面了解网络现状。据统计，规划方案编制过程中，其 70%时间都用在数据收集和整理上，如何高效准确归集数据就成为关键。

借助工具中"通信规划数据库"功能，可直观便捷掌握最新现况信息。以河南省为例，分析其通信资源整体情况，河南省当前现况状态数据包含 7700条通信站点、10300 条光缆段、35800 条设备、8600 条光路、35300 条业务通道等，通过可视化、图形化统计展示，辅助规划人员清晰直观地掌握通信现状，如图 1 所示。

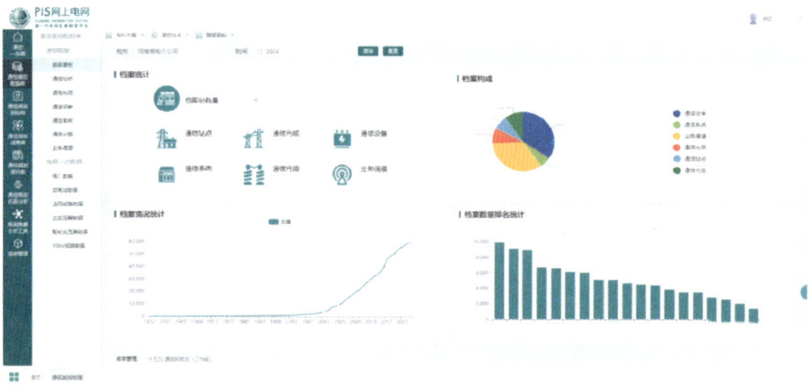

图 1　应用规划工具直观掌握全局统计现状（河南省）

进一步，分析通信网基础关键资源中光缆老旧情况。在"通信光缆/光缆段"数据表中，利用"光缆投运年限"、"电压等级"、"光缆类型"和"可用芯数"等字段进行自定义组合查询。经快速诊断，排查 YL 变电站～JG 变电站等 110kV ADSS 光缆剩余纤芯 6 芯以下且运行超过 10 年的设备有 8 条。依据相关管理规定，支撑有关 ADSS 光缆改造技改立项，纳入 2023 年规划项目储备，扎实推动光缆老化瓶颈等类似问题解决。

2. 应用拓扑图形化构建功能创建规划拓扑方案

规划工具基于相对完整的基础静态数据，快速构建"电力通信一张图"，提纲挈领地全景展现通信网架现状。同时，以现状网架图为基础，在线上开展站点、光缆、链路等作业，推动图上规划、规划成图，为通信网规划提供直观便捷支撑。

以河南省骨干光缆网架为例，开展规划拓扑创建与编辑，辅助规划设计工作。首先，进行全景展现。如图 2 所示，视角向下逐级穿透，可以看到该地市从 500、220、110、35kV，直到 10kV 的光缆现状拓扑图。其后，新建规划态数据。在河南省光缆现状拓扑图的基础上，新建规划站点［C 市 GQD 500kV 输变电工程（2024）］，输入站点名称、类型、经纬度等信息，即可在地图上准确显示。随后，新建通信链路（C 市 GQD 变电站～HQ 变电站），依次输入链路起始点、末端节点、链路类型、光缆类型等信息，完成光缆规划态拓扑的创建。最后，辅助规划方案分析。以规划态拓扑方案为分析对象，使得相关基础数据、边界条件与网络拓扑建立起紧密的关联关系，为后续仿真分析奠定了基础，如图 3 所示。

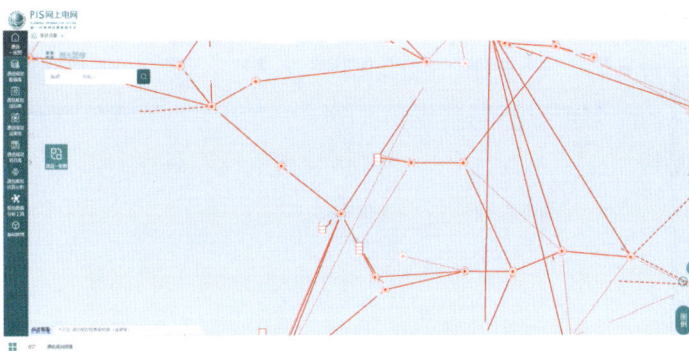

图 2 应用规划工具图上创建规划网络拓扑

下一步，研究接入光缆线路实际坐标、设备分网分类数据、一次网络规划站点与线路信息等源端数据，探索提升拓扑完整性、对应性和准确性，推动规划"图上协同作业"，实现一二次规划数据一张图融合。

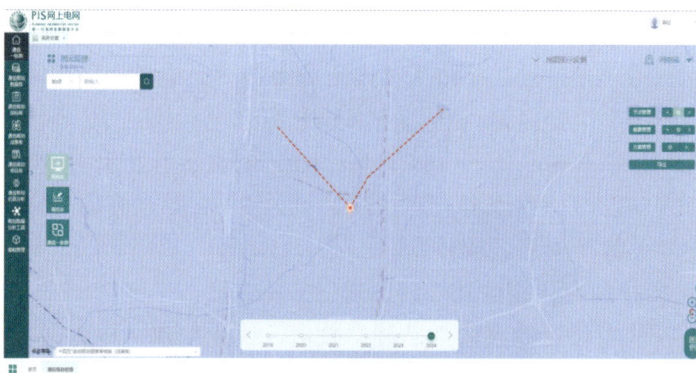

图 3　应用规划工具图上创建规划网络拓扑

3. 应用报表数据与指标归集功能助力数据统计分析

传统通信网规划收资模式是下发 Excel 表格模板进行。实际工作中，各级规划人员面临诸多压力和困难，如：短周期大数据量的收资任务、多级多方的工作链条、复杂的表内及表间逻辑关系等，工作质效难以跨越式提升。针对该痛点，规划工具实现了在线数字化收资。一是在线灵活定义创建。可在线自定义灵活创建各类表格，行和列均可根据需求进行新增、修改、删除等。二是在线灵活分析评估。可自定义规划统计、分析与评估常用的指标项，并逐步积累形成指标库。以 ADSS 光缆长度为例。在平台上"自定义报表模板"中，创建指标名称为"ADSS 光缆长度"，提取以通信光缆为数据源并数据类型为"ADSS光缆"的光缆数据。实现快捷提供给所有单位在各年度、各版次规划任务中应用，提高了工作效率。同时，也从源头避免基层单位对收资标准理解有误，导致漏、错收资情况产生。如图 4 所示。

图 4　应用规划工具自定义规划指标

以 2023 年通信网规划滚动收资为例。第一步，省公司线上发布自定义收资报表模板。如图 5 所示。第二步，各地市规划人员校核。一方面，基于已自动导入数据库数据的收资表格，对其进行校核修改。另一方面，完成其他需要人工补充填报数据工作。第三步，省级层面进行自动汇总。在市公司完成表格填报工作后，平台仅用 30min 自动完成全省信息汇总整理，涉及 20 家单位近400 张表格。对比过去的所需一周时间，工作效率提升 80%。

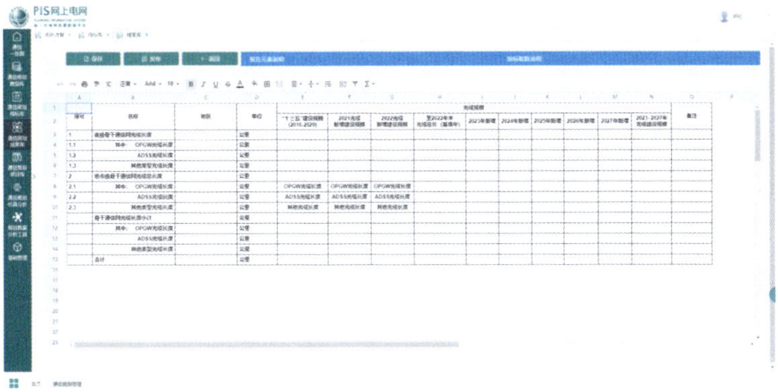

图 5　应用规划工具自定义报表模板

4. 应用流量带宽需求预测功能推演业务发展需求

基层一线通信规划岗位配置不足，带宽测算专业性强、难度较大，导致通信网带宽的测算及规划质量不高。针对此情况，平台工具实现了高效量化的辅助分析推演功能，推动带宽需求预测工作由断面人工汇总向网络仿真计算转变，为通信网规划提供精细数据支撑。

以 N 市开展通信传输网 B 平面能力规划工作为例。首先，在规划态上创建业务。按照 2030 规划年单站业务需求模型下限边界条件，依托 N 市骨干传输网规划态拓扑，批量设置 2700 条业务通道起点、终点、业务类型、带宽等属性。其后，进行网络拓扑仿真计算。在边界条件设定完成后，选择平台内嵌入的不同算法，分别有最短路径、负载均衡、加权计算等算法，并在 N 市采用最短路径算法，对网络拓扑进行仿真测算，分析校验链路业务流量峰值等。如图 6所示。采用最短路径策略，N 市规划网络最大业务流量通过链路为市公司到220kV 变电站，最大流量 24.9Gbit/s。采用加权计算策略，在多个核心断面的流量需求同样超过 20Gbit/s。最后，辅助规划方案制订。预计到 2030 年，N 市传输网络核心断面带宽需求大幅增加超 20Gbit/s，现网络 10G SDH＋10GE PTN承载能力无法满足，需在"十五五"开展 N 市传输网 B 平面能力提升建设，并相应将其纳入规划独立二次项目储备。

5. 应用数据自定义分析与可视化功能直观展现规划结论

通信网规划成果由报告、表格等组成，内容广、数据多，需要丰富的经验，耗费较多的时间，才能把握关键信息和结论。针对此难点，规划工具实现了"数据自定义分析"功能，辅助完成光缆、设备、投资等通信数据的高效智能组合分析，并直观展示规划核心成果。

图 6　应用规划工具模拟推演业务带宽需求

以河南省 2023～2027 年光缆规模和规划投资分析为例。一是分析光缆长度变化情况。横轴设定为年份、纵轴设定为长度（X 轴和 Y 轴均可设置为不同的属性项），柱状图展示了河南省 2023～2027 年间每年不同类型光缆长度。如图 7 所示。折线图展现了光缆长度的变化情况。如图 8 所示。可以看出从 2023～2027 年，河南省光缆总长度呈现稳步增长趋势，其中 OPGW 光缆长度增长尤为显著。二是分析规划投资情况。如图 9 所示。选择投资类型、投资金额进行分析，可以直观看出河南省规划投资占比情况，从图中可以看出，河南省在电网建设上的规划投资呈现多元化特点，其中电网一次配套通信网项目类投资占比较多，其他专项通信网项目类投资占比较少，辅助进行整体通信网络建设及优化升级规划投资把控。

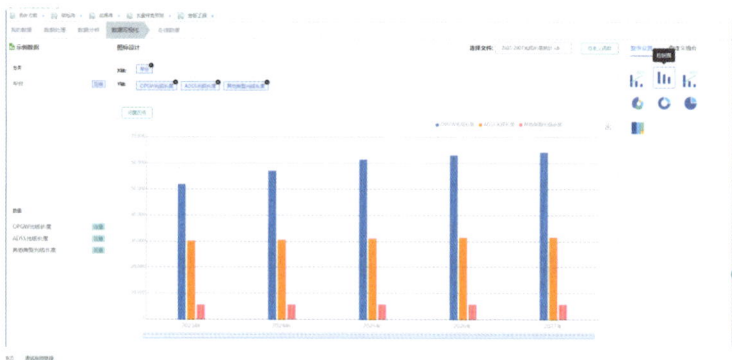

图 7　应用规划工具进行数据自定义可视化分析

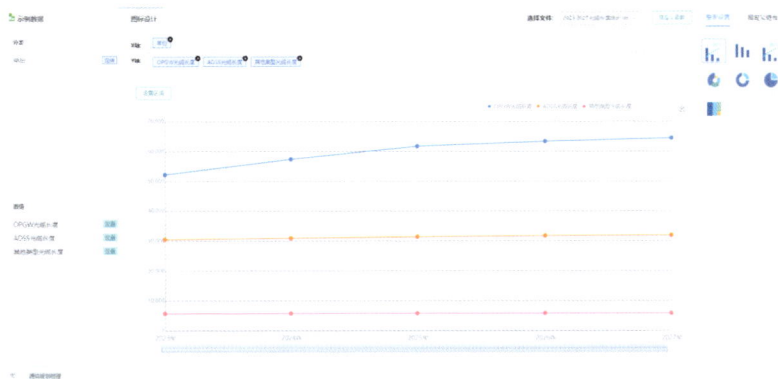

图 8　应用规划工具进行数据自定义可视化分析

图 9　应用规划工具进行数据自定义可视化分析

6. 应用规划项目库功能全口径归集通信网规划项目

规划项目形成、确立、调整等全过程管理是规划工作的重要成果。通信网规划项目需要进行全口径统计，涵盖全管理层级、全电压等级、全投资渠道、全业务类型等。针对此重要需求，规划工具已实现"项目库填报"和"项目看板"等功能。可方便快捷在线创建和编辑通信网规划项目，并自动生成规划项目投资统计图表，直观展现建设规模与投资统计。

目前，规划工具支撑全省完成了"十四五"滚动规划、通信网总体设计等重点专项工作，科学、规范、完整归集了基建配套、技改通信、独立二次、其他专项四大类共计 1900 余项通信项目，高质量服务规划评审工作。如图 10 所示。从项目数量统计来看，2021~2024 年规划项目处于上升阶段，2025 年往后项目数量逐渐下降。从结构来看，一次配套通信项目占比较多。从项目年度分布来看，项目数量和项目金额在 2024 年达到顶峰。从市公司数量对比来看，C 市公司项目数量和金额在 18 地市中排名第一。

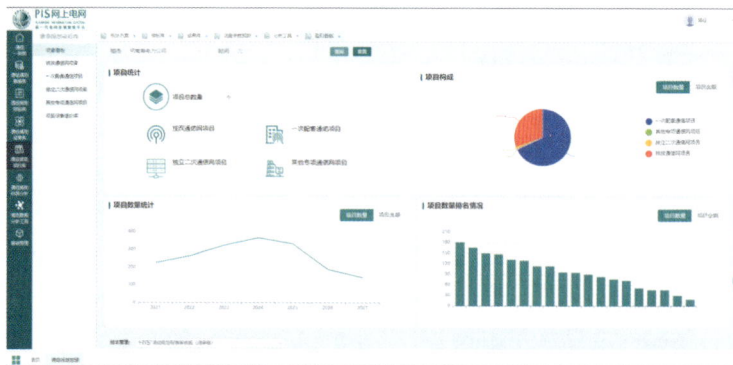

图10　应用规划工具归集管理各类规划项目

三、成效总结

依托"网上电网"创新开展通信网规划数字化转型实践取得了初步成效，未来发展前景广阔景。一是提升规划编制工作效率。通过相关方法与工具应用，实现规划工作中省地两级20家单位近400张报表、近2000个通信项目、上万条数据自动汇总，规划收资与汇总工作周期较传统方式平均压缩80%。二是助力基层单位减负增效。利用规划工具中报表计算、简报生成、数据分析等功能，在通信网总体设计等与地市相关的业务工作中，平均每项为地市公司减少工作量合计 60 人天左右。三是优化网络布局和资源配置。通过规划工作的精益化和针对性深化，促进通信网络资源与资金的合理优化配置，将通信网较电网规划投资占比控制在3%以内，规划库储备项目投资规模内审核减率达到5%以上。

主要完成人：李文峰　张琳娟　郑　征　周志恒　韩军伟

14. 依托"网上电网"平台支撑 E 市主网架优化研究

一、背景介绍

E 地区现有 500kV 变电站 3 座，主变压器下网分布不均，短路电流超标严重，部分 220kV 断面重载，远期已无法通过现有断线方式控制短路电流。亟须开展 E 地区分区分片研究，做好区域重过载治理，探索远期 E 电网短路电流控制措施及网架优化方案。

该案例依托"网上电网"平台"电网规划—配网规划—源荷储"、"统计分析—新型电力系统统计—设备统计—设备集成—电网设备集成"等相关模块，分析负荷电量、电源情况及网架结构参数，诊断电网主网架现状问题，为开展变电容量平衡测算提供基础数据，辅助构建仿真计算模型，聚焦剖析 E 电网分区分片边界条件的确定、方案可实施性检验等，有力支撑 E 电网主网架优化研究。

二、应用详情

E 电网分区分片优化研究整体思路：一是基于平台开展现状诊断。从区域电网现状分析入手，总结存在问题，为规划电网分区分片提供研究基础。二是依托平台分析关键基础数据支撑 BPA 仿真计算。结合历史负荷电量数据，确定规划年负荷电量水平。结合区域新能源等电源供电能力，通过平衡分析方法，确定区域 500kV 变电容量需求。根据容载比等指标，源荷匹配，确定规划年变电容量，夯实开展短路电流计算分析的基础。三是根据 BPA 计算和网上电网验证辅助优化方案制定。梳理区域主网架线路、主变压器参数等数据，将网上电网基础数据库与 BPA 平台分析软件结合，细化短路计算，提出网架开环方案，寻找电网发展与短路电流控制的平衡点。四是验证网架开环方案的可实施性。通过网上电网平台地理图与电气主接线等基础数据库，分析具体实施中可能遇到的困难，探索解决方案，多方位比较各种方案优缺点，综合判断解决方案可实施性。

（一）基于网上电网平台开展现状诊断

首先，开展 E 电网整体供电能力研判。通过"电网规划—配网规划—源荷储""电网规划—配网规划—用户"功能，查询 E 供电区现状年各类电源出力水平、用电日负荷水平。

E 电网 2023 年最大网供负荷 3094 MW（如图 1 红色标记所示），此时各类电源最大出力达到 2075MW（如图 2 红色标记所示），500kV 网供支撑 1019MW 左右。E 区域虽新能源装机占比较大，但出力不稳，因控制短路电流部分线路停运，潮流走向导致分配不均，区域供电能力受限，电网对 500kV 主变依赖较大，整体供电能力紧平衡。亟须通过优化网架结构，合理分配地区潮流提升 E 电网供电能力。

图 1　E 电网 2023 年用电水平日统计

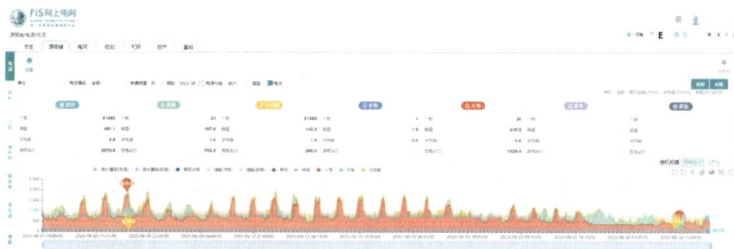

图 2　E 电网 2023 年各类电源出力水平日统计

通过"首页—查询—查看详情—运行情况"模块，可以查询 E 供电区 500kV 主变下网日负荷水平。通过"首页—设备查询—查看详情—运行情况"模块，可以查询 220kV 线路潮流水平。

基于 500kV 主变压器及 220kV 断面负荷数据，开展重过载分析。500kV 层面，ZT 联合变压器含 Z 1、3 号主变压器（750MVA×2），断面限额 1000MW，下网实际负荷 859MW，断面重载率 85.9%，如图 3 所示。220kV 层面，南部受电断面由 220kV 驻朗、ⅠCL 线（同塔）及ⅡCL 线组成，断面限额 400MW，根据图 4～图 6 所示，计算该断面实际负荷 408MW，断面已过载。

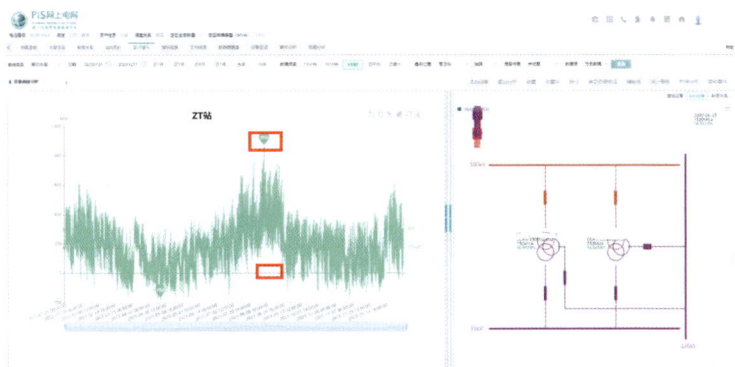

图 3　500kV ZT 联合变压器下网负荷水平

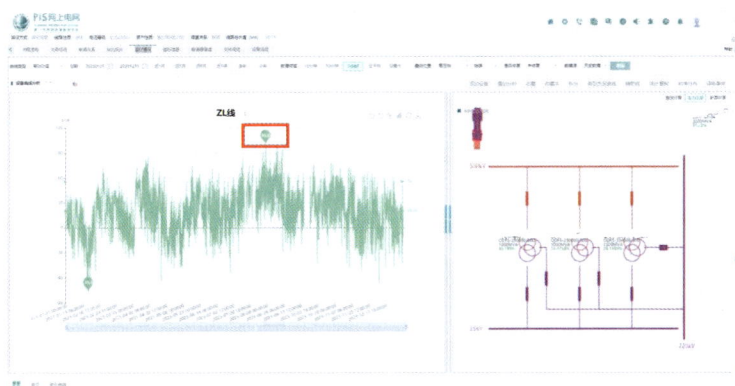

图 4　220kV ZL 线负荷水平

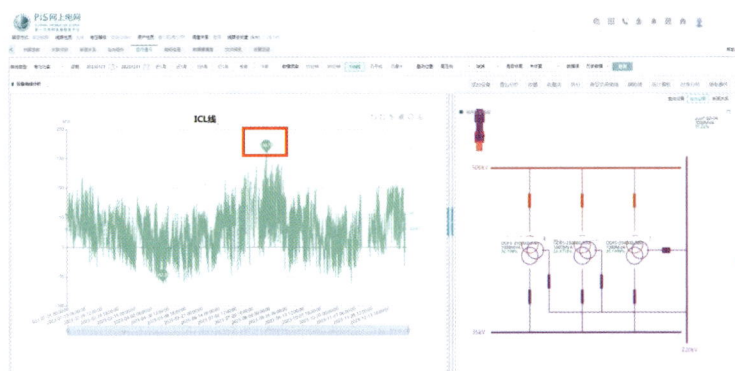

图 5　220kV ⅠCL 线潮流水平

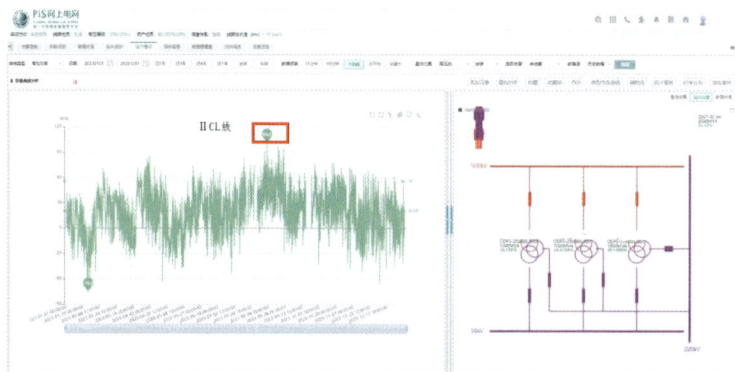

图6　220kV ⅡCL线潮流水平

综上，得出 2023 年度夏大负荷期间，500kV ZT 联合变压器下网、220kV 南部断面负荷重载运行。

基于平台开展现状诊断分析，E 地区主要存在两方面问题。一是供电能力受限。二是部分主变及断面重载。亟须对电网结构进行优化，在满足短路电流控制的基础上，优化潮流走向提升 E 电网供电能力。

（二）依托网上电网分析关键基础数据支撑 BPA 仿真计算

1. 确定规划年负荷水平

历史负荷电量数据是电网发展的分析基础。通过网上电网平台"电网规划—配网规划—用户"模块，可以查询 E 供电区近年负荷、电量发展情况。

根据图 7 所示历史负荷数据，并结合区域经济发展情况，采取平均增长率结合负荷密度法，综合预计 2030 年 E 供电区全社会最大用电负荷将达到 6100MW，详情见表 1。"十四五""十五五"负荷、负荷增长率分别为 4.6%、5.13%。

表 1　　　　　　历史负荷电量查询及负荷电量预测　　　　　　（MW）

区域	2022年	2023年	2024年	2025年	2026年	2027年	2028年	2029年	2030年	2022～2024年增长率	2025～2027年增长率	"十四五"	"十五五"
供电区	3968	3988	4320	4750	5100	5400	5650	5900	6100	4.34%	6.62%	4.60%	5.13%
市区	930	986	1039	1195	1300	1400	1454	1508	1562	5.70%	8.24%	6.47%	5.50%
a 县	338	306	324	375	400	425	450	480	500	−2.09%	6.46%	2.63%	5.92%
b 县	373	358	398	420	440	460	485	517	550	3.35%	4.65%	3.01%	5.54%
c 县	442	441	511	550	585	620	650	679	709	7.47%	6.17%	5.62%	5.20%
d 县	295	296	305	345	370	390	389	388	387	1.68%	6.32%	3.99%	2.30%

续表

区域	2022年	2023年	2024年	2025年	2026年	2027年	2028年	2029年	2030年	2022～2024年增长率	2025～2027年增长率	"十四五"	"十五五"
e 县	352	343	384	410	440	465	491	517	544	4.41%	6.50%	3.89%	5.80%
f 县	360	357	391	420	460	500	512	524	536	4.16%	9.11%	3.93%	5.00%
g 县	349	321	338	360	390	420	443	451	459	−1.60%	8.01%	0.78%	5.00%
h 县	273	278	206	270	292	315	340	367	397	−13.24%	8.00%	−0.28%	8.00%
l 县	388	422	441	470	510	550	562	574	586	6.61%	8.18%	4.91%	4.50%

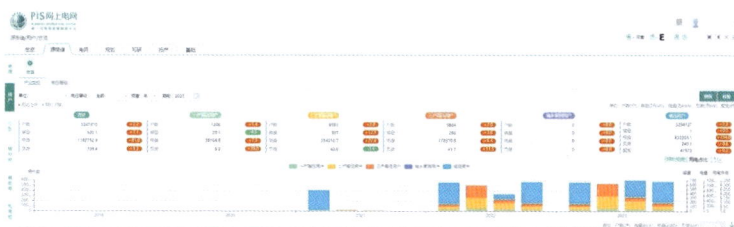

图 7　E 供电区 2022—2023 年历史负荷、电量数据

2. 确定新能源等电源供电能力

新型电力系统建设背景下，风电、光伏的出力系数，影响区域变电容量测算。通过平台"电网规划—配网规划—源荷储"模块，可以查询 E 供电区大负荷时段新能源出力情况，作为判断新能源顶峰能力、确定平衡系数的选择依据。

2023 年 E 供电区最大负荷发生 8 月 4 日 21 时，如图 8 所示，全区风电出力 214MW，风电装机 1070MW，风电出力系数 0.2。最大负荷发生前一日风电出力为 189MW，如图 9 所示。最大负荷发生后一日风电出力为 321MW，如图 10 所示。测算相同时段风电出力系数分别为 0.18、0.3。综合考虑，确定参与变电平衡的风电系数 0.2。

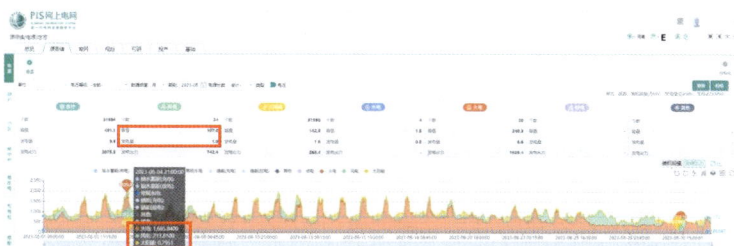

图 8　E 供电区 2023 年最大负荷发生当日风电出力情况

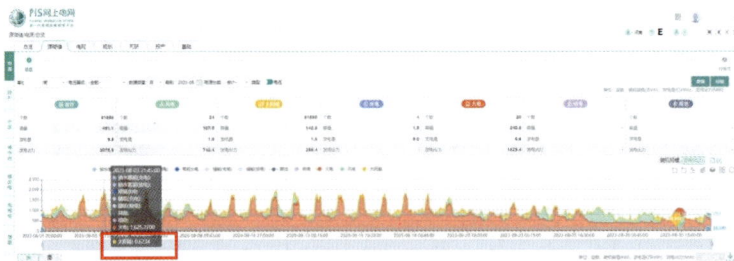

图 9　E 供电区 2023 年最大负荷发生前一日风电出力情况

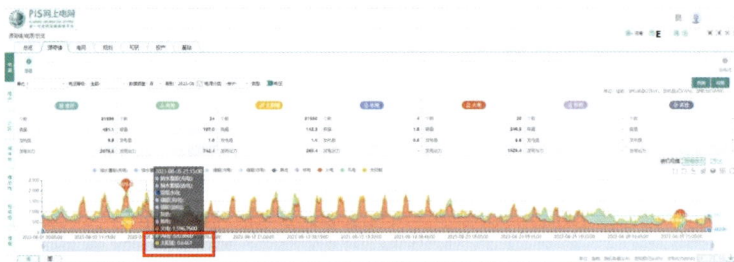

图 10　E 供电区 2023 年最大负荷发生后一日风电出力情况

各类电源现状装机是平衡测算的基础，结合规划电源项目库，可为逐年平衡测算提供参考。通过平台"电网规划—配网规划—源荷储"模块，可以查询 E 供电区现状各类电源装机水平。通过平台"统计分析—新型电力系统统计—电源全过程统计—电源规划项目"模块，可以查询规划电源项目情况。

根据图 11 所示，各类电源装机明细统计，可知 2023 年 E 供电区火电装机 2402MW、风电装机 1070MW、光伏装机 1423MW、小水电装机 14.9MW。根据图 12 所示，由规划电源项目库可知，区域内规划风电项目 1 个，装机 100MW。规划光伏项目 25 个，装机 200MW。

图 11　E 供电区 2023 年各类电源装机明细统计

3. 确定区域 500kV 变电容量需求

结合 E 地区供电能力及 500kV 建设情况，经 500kV 变电容量平衡测算，2025 年需新建 ZX 变电站，2026 年需实施 ZT 变电站扩建第 3 台主变，2030 年 LZ 变电站将扩建第 3 台主变压器。可支撑规划年 500kV 变电容量需求测算结论，为开展短路电流计算研究夯实基础。

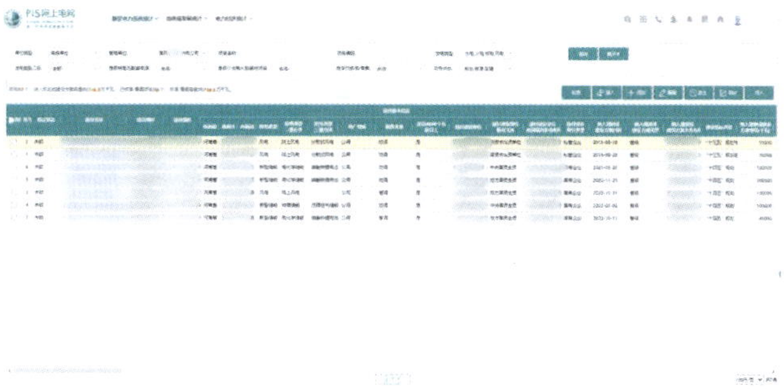

图 12　E 供电区规划电源项目库

（三）根据 BPA 计算和网上电网验证辅助优化方案制订

1. 完善 BPA 基础网架，形成可计算文件

通过平台"统计分析—新型电力系统统计—设备统计—设备集成—电网设备集成"模块，可以查询 E 供电区 220kV 电网网架数据，线路长度、线路型号等，具体如图 13、图 14 所示。通过导出表格选取关键参数，输入到 PSD—BPA 电网仿真软件进行网架布置，确保数据参数准确性，形成可计算文件。

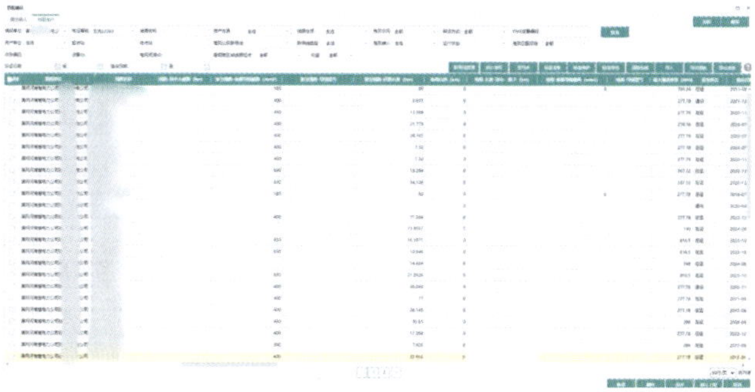

图 13　E 电网 220kV 网架数据统计一

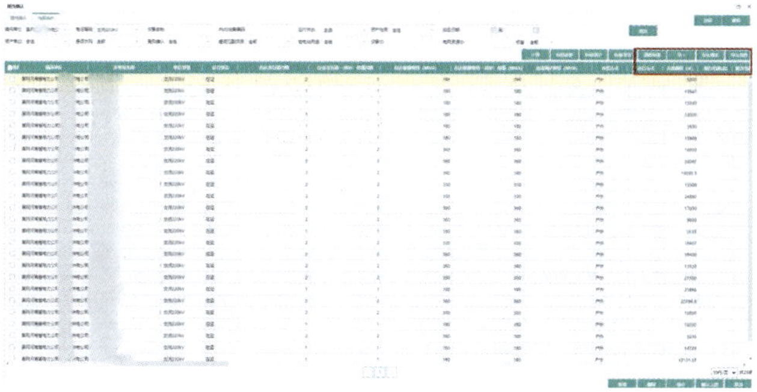

图 14　E 电网 220kV 网架数据统计二

2. 利用 BPA 开展计算，形成可计算文件

在上述基础上，应用 PSD—BPA 软件，对规划水平年各片区短路计算，提出两个分区分片方案。方案一，全区分成三片，LZ 变电站独立成片，ZX 变电站、CY 变电站组成联合供电区，CY 变电站、ZT 变电站组成联合供电区。方案二，全区分成四片，LZ 变独立成片，CY2 台区变压器与 LZ、ZT 变弱联络、ZX 与 CY2 台区变压器组成联合供电区，ZT 变电站单独成片，CY 变电站、ZT 变电站组成联合供电区。对以上两个开环方案进行短路电流校核，短路电流计算结果如表 2 所示。远期 2 个开环方案短路电流均可以满足要求。

表 2　　　　　　　　相关变电站三相短路电流计算结果　　　　　　（kA）

方案	方案一	方案二
LZ 220kV	48.4	48.8/28.4
CY 220kV	46.5/28.3	41.5/36.7
ZX 220kV	34.7	45.2
ZT 220kV	47.7	48.0

（四）验证网架开环方案的可实施性

根据分区分片课题研究结论，LZ 扩建第三台主变压器时，220kV 侧需分母。电网结构相对薄弱，需对网架结构进一步加强后方可实施分母工程。通过平台"首页—500kV 变电站查询"模块，可以查询 E 供电区 500kV 变电站 220kV 主接线，以便开展分母方案计算研究，如图 15 所示。ⅠLT、ⅡLT 线等 3 条线路在 LZ220kV 南母运行；ⅠLX、ⅡLX 线等 6 条线路在 LZ220kV 北母运行；分母运行后网架联系薄弱，存在一定风险。通过"首页—地理图"模块，查询县市电网 220kV 线路路径，如图 16 所示，研究线路加强方案。将 220kV 网络图简化为结构示意图，如图 17 所示（红色线段为南母设备，黄色线段为北母设备）。

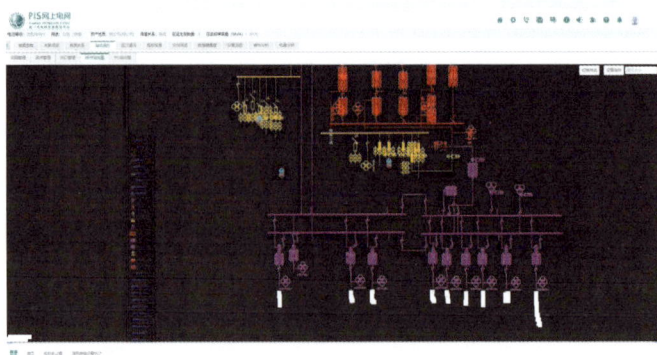

图 15　LZ 变 220kV 侧主接线示意图

图 16　LZ 变电站 220kV 侧出线及 a 县电网 220kV 线路路径示意图

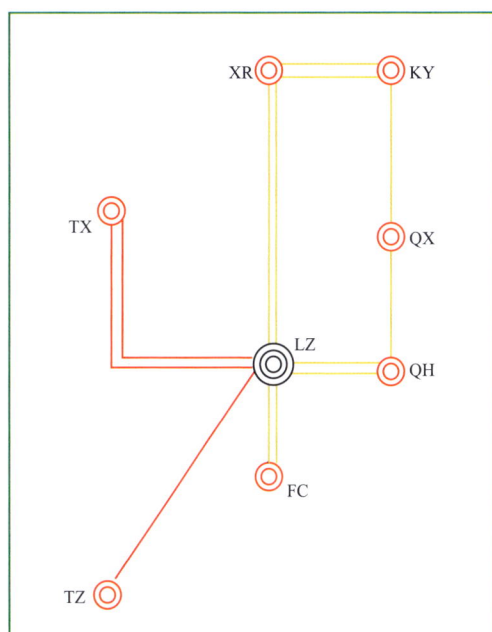

图 17　LZ 片区 220kV 现网络结构图

　　在图 17 现有网络结构图基础上,结合远期规划,结合新建 220kV a 县南变,根据平台中 a 县电网的 220kV 线路路径,可自 LZ220kV 侧北母向齐海方向加强一回,实现上述停电方式叠加相关线路故障,齐海侧仍可通过 LZ 变 220kV 北母转带 a 县南变供电。至远景年,a 县南剖接丰收—LZ 线路,形成 a 县南至 LZ、a 县南至丰收,可规避 I / II LQ 线(同塔)同塔检修造成的一线带四站电网风险。进一步通过网上电网平台探索出网架加强方案,验证了方案的可实施性。具体线路优化示意如图 18 所示。

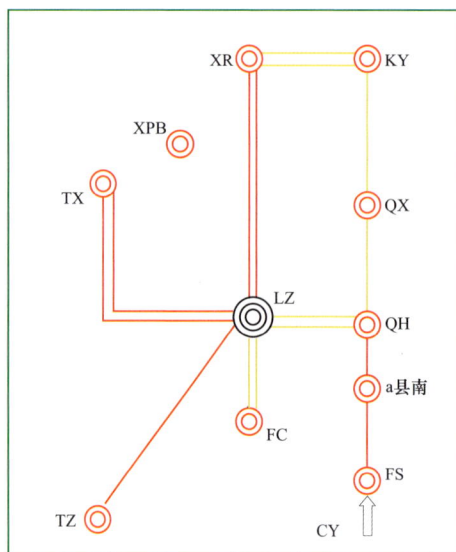

图 18　LZ 片区 220kV 规划网络结构图

经平台"统计分析—新型电力系统统计—设备统计—设备集成—电网设备集成—线路关联匹配—属性确认"路径查询接线方式，初步验证该网架优化方案具有一定的可行性。

🍃 三、成效总结

该案例依托网上电网应用平台，为 E 电网分区分片研究提供了强大的数据支撑，同时对方案可实施性提供了验证条件，为分区分片工作开展及电网规划提供了可靠思路。一是基于现状诊断，加强问题导向。通过开展现状诊断，发现 E 电网供电能力受限、部分主变及断面重载问题，在满足短路电流控制的基础上，优化潮流走向提升 E 电网供电能力。二是强化数据支撑，助力模型构建。通过网上电网强大的数据支撑体系，结合地区电网发展历史数据情况，开展负荷预测，确定规划年负荷水平；结合新能源历史出力情况，开展发电系数测算，确定新能源等电源供电能力；结合 E 地区供电能力及 500kV 建设情况，确定区域 500kV 变电容量需求。三是通过真实路径，验证方案实施。结合电网优化方案及远期规划情况，利用网上电网线路地理路径示意图，验证是否具备可实施性，给出分区分片实施过程中网架加强建议，指导规划方向，助力方案实施落地。

主要完成人： 李俐含　冯华威　李志前

15. "网上电网" 助力 T 市重要用户零计划停电示范区规划

一、背景介绍

T 市 XC 区位于市辖区西部,距离主城区约 12km,是 T 市的对外展示窗口。考虑到 XC 区内部分区域重要用户集中,如市政大厦、会议中心、博物馆、行政审批中心等,且均为二级重要电力用户。并且该区域内网架结构为单环网接线方式,供电可靠性低,核心区域及重要用户供电质量有待提升。

为了保障核心区域内重要用户的可靠供电,T 市拟在 XC 区域内打造重要用户零计划停电示范区[1],提升核心区域内重要用户的用电质量。本文依托"网上电网"平台,运用"网架情况""运行水平""出线档案""城乡控规管理""电网规划"等功能模块,掌握负荷数据,开展网架、布点分析,有效指导该区域内重要用户零计划停电示范区的规划论证,推动发展业务数字化转型,促进管理模式革新,助推公司和电网高质量发展。

二、应用详情

以构建 T 市 XC 区重要用户零计划停电示范区为目标,通过"现状勘查—周边负荷及增长情况分析—方案制订"三个步骤,深入分析当前问题,逐步落实方案。

1. 现状勘查

首先,查看区域周边电源站负荷情况。通过"首页—电网现状图",如图 1 所示红色区域为零计划停电示范区,可以看出目前区域周边现有 110kV 变电站 2 座(LA 变、HG 变),主变压器 2 台,容量 90MVA。

---

[1] 零计划停电示范区是指通过联络转供、不停电作业等方式,可以实现稳定电力的连续供应,极大提升了区域电力用户供电可靠性和供电服务质量。

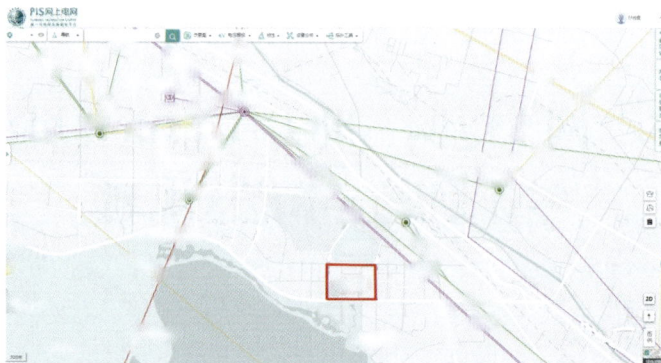

图 1　区域周边电网现状图

点击"查看详情—主变压器运行情况"模块，分析主变压器的运行负荷情况，如图 2、图 3 所示，可见 LA 1 号主变压器度夏期间出现了重载情况，HG 1 号主变压器负载率最高达 64.4%。

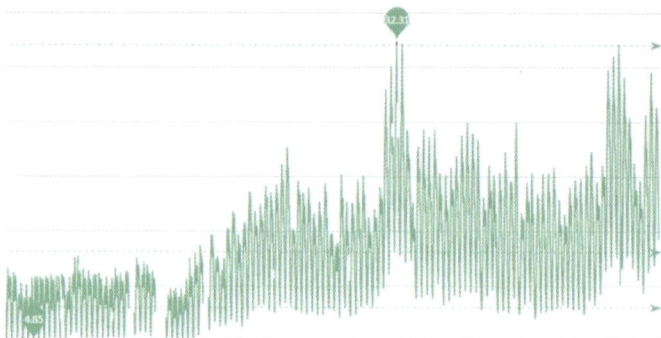

图 2　LA 1 号主变压器运行情况

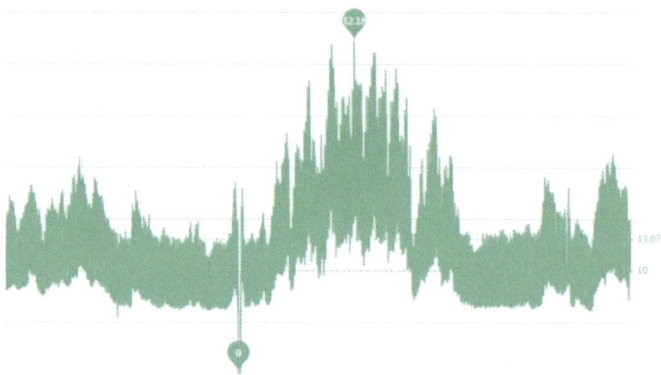

图 3　HG 1 号主变压器运行情况

其次，查看110kV网架情况。通过"电网规划—配网规划—110kV网架"模块，可以分析当前区域周边电网规模、主接线模式、网架结构、电网问题等情况。如图4所示，分析当前区域周边110kV网架主要问题为单线单变站、接线形式为单母线，可靠性较低，无法满足重要用户零计划停电的电源需求。

图4　区域110kV网架结构

结合该区域"十四五"电网规划和"电网规划—配网规划—规划项目"模块，可查询到该区域周边有"LA 2号主变压器扩建工程"。如图5所示，扩建主变压器容量63MVA，出线12回，预计2025年12月投运。投运后LA变电站可由两段母线出线2回至该区域，保障供电可靠性。HG变电站暂无主变压器扩建计划。

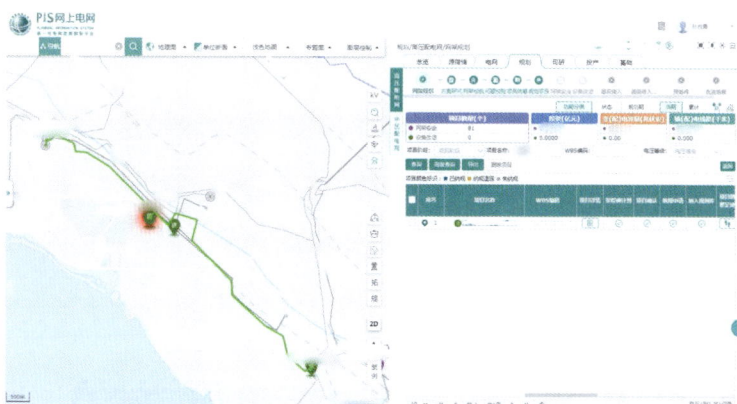

图5　LA 2号主变扩建工程

再次，查看10kV网架、线路情况。通过"首页—线路展示"模块，了解LA变电站、HG变电站出线示意图。如图6、图7所示。

119

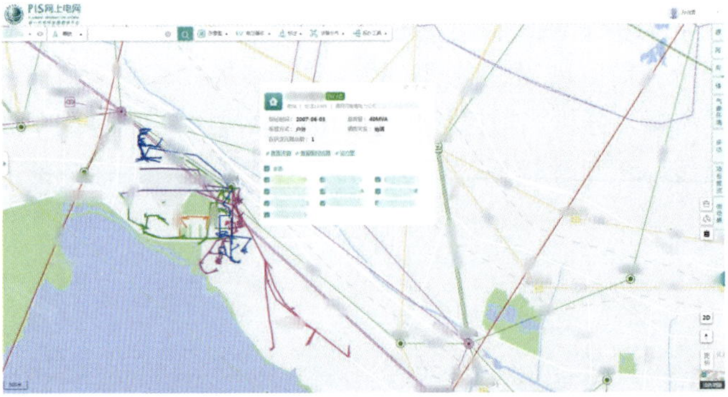

图 6　LA 变电站 10kV 出线示意图

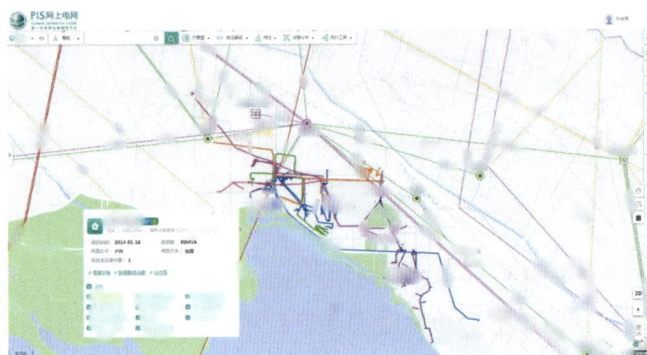

图 7　HG 变电站 10kV 出线示意图

　　接下来，查看该区域内的 10kV 出线档案情况。通过"网架情况—线路展示—设备明细"页卡，可以看到该区域的出线档案、线路投运时间、建设方式、型号、长度等信息。平台中显示 LA 变电站 10kV 出线 8 回，总长度 55.83km，线路于 2007～2008 年期间建成，如图 8 所示。HG 变电站 10kV 出线 8 回，总长度 56.27km，线路于 2008～2017 年期间建成，如图 9 所示。

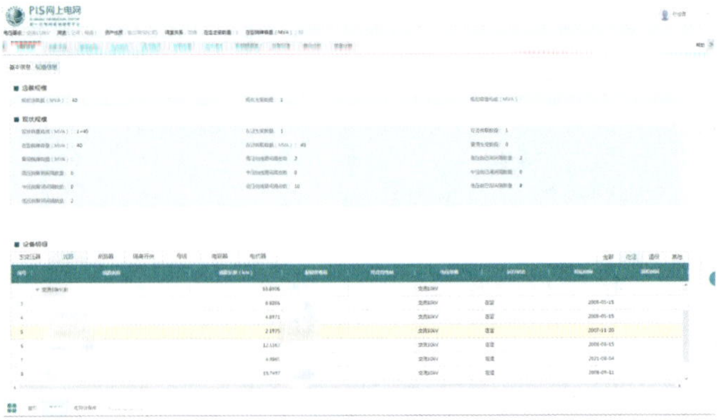

图 8　LA 变电站 10kV 出线档案

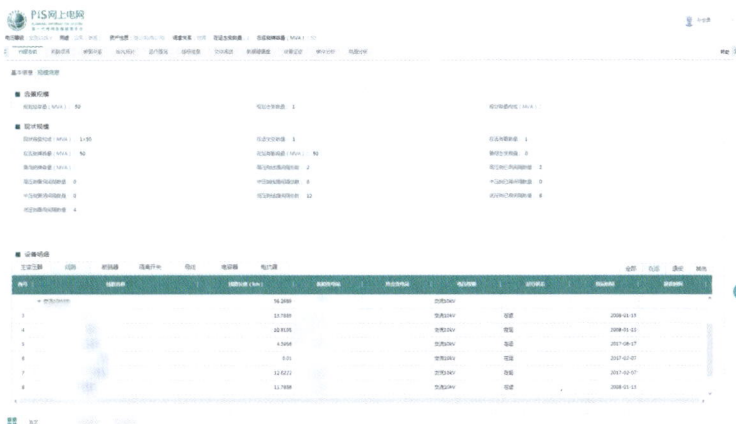

图 9 HG 变电站 10kV 出线档案

通过"发展诊断—中压配电网诊断—网架结构"模块，分析当前区域周边电网结构、接线模式、网架结构、网架问题等，如图 10 所示。由此可知该区域 10kV 线路主要为单辐射、单联络、单环网接线模式，不满足重要用户零计划停电要求。

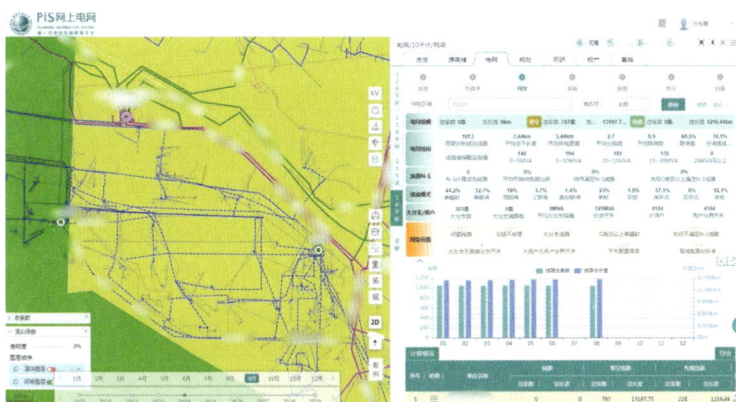

图 10 区域 10kV 网架结构

再通过"发展诊断—中压配电网诊断—供电质量—停电事件"模块，查询本区域现状停电事件情况，如图 11 所示。

其中 LA 变电站 L4 板 CA 线、LA 变电站 L12 板 XZ I 线等线路均发生过线路停电事件。原因为该区域内为单辐射、单联络、单环网接线模式，用户停电时负荷无法转供。

综上，该区域电源均来自 HG 变电站 14 板 WX II 回线路及 LA 变电站 15 板 MY 线所带环网箱，网架结构为单环网接线模式，供电可靠性低，且不符合

《重要电力用户供电电源及自备应急电源配置技术规范》（GB/T 29328—2018）电源配置要求，存在安全隐患。

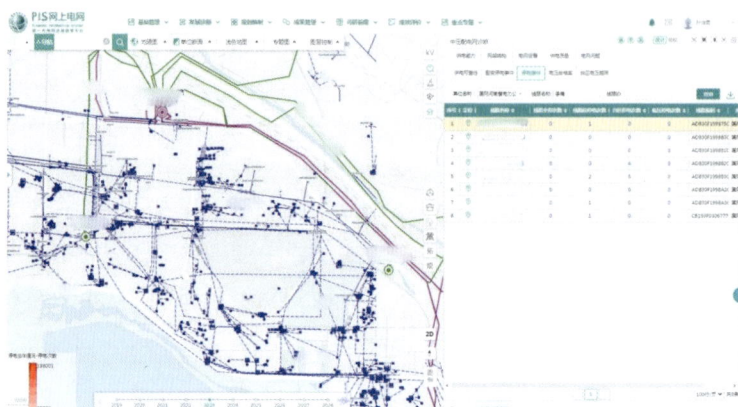

图 11　区域现状停电事件情况

2. 周边负荷及增长情况分析

分析该区域内的实际负荷情况。通过"配网规划—基础—区域—分区网格—查看详情—供电网格"模块，可以查到区域所属网格单元的负荷密度、年最大负荷等信息，如图 12 所示。同时，采用电力弹性系数法及空间负荷密度法测算区域内未来负荷。根据测算结果，2023、2024 年该区域内实际负荷分别为 17.9、19.1MW，预计 2025 年达到 19.7MW，2026 年达到 20.3MW。

综上，一是 HG 变电站为单变站，主变压器负载率度夏期间达到 64.4%。二是预测 HG 变电站供电区域 2026 年负荷将出现较大供电缺口。因此，扩建 HG 2 号主变压器是很有必要的，既满足了新增负荷需要，又保障了零计划停电示范区的电源需求。

3. 方案制订

本方案旨在构建 T 市 XC 区内部分重要用户零计划停电示范区，提升重要用户集中区域的供电可靠性。根据周边负荷变化情况及未来规划，借助"电网规划—配网规划—城乡控规—控制性详细规划"模块，拟在 DXS 路与 XY 路交叉口西南角，市会议中心西侧绿化带内新建四进十二出开关站一座。该开关站地址满足大件设备运输要求，位于负荷中心，为建设用地，符合规划要求。如图 13 为开关站规划用地情况，最终该区域内 10kV 网架建成双环网接线形式。

考虑开关站四回进线分别来自 LA 变电站和 HG 变电站各两回。其中，LA 变电站扩建工程预计于 2025 年 12 月投运，将满足两回电源线路引出要求。但是，HG 变为单台主变压器运行，"十四五"电网规划库中无 HG 变电站扩建项目，不满足两回电源线路引出要求。

图 12　网格单元情况

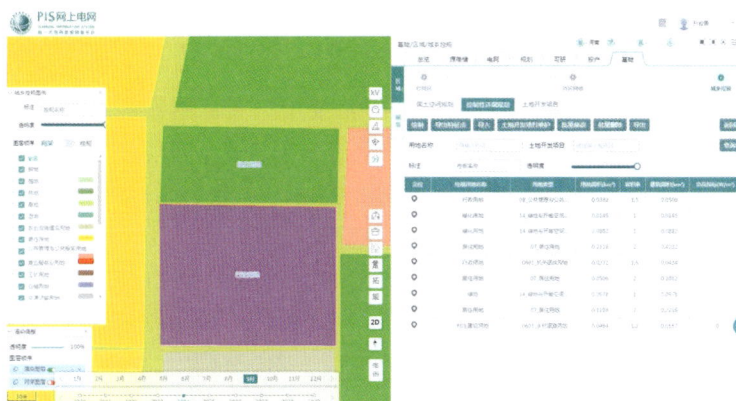

图 13　开关站规划用地情况

综上，依托"网架情况""运行水平""电网规划""城乡控规管理"等功能模块掌握的信息，建议在 HG 变电站扩建一台主变压器，容量 40MVA，110kV 出线两回至 110kV XY 变电站，10kV 拟订出线 8 回，计划纳入"十五五"规划项目库，如图 14 为 HG 2 号主变压器扩建工程。

HG 2 号主变压器投产后，可满足两回电源线路引出到零计划停电示范区要求，最终实现该区域内的四进十二出开关站的四回进线分别来自 LA 变电站和 HG 变电站各两回，保障该区域内 10kV 线路建成双环网接线形式。同步建设变电站及开关站内配电网智能终端设备、通信终端、变电站至 10kV 开关站光缆。通过规划实践，初步实现示范区"站—线—变"中低压电网数字化监控，具备"智能感知、快速隔离、中压合环"特征，保障该区域内重要用户的供电可靠性。

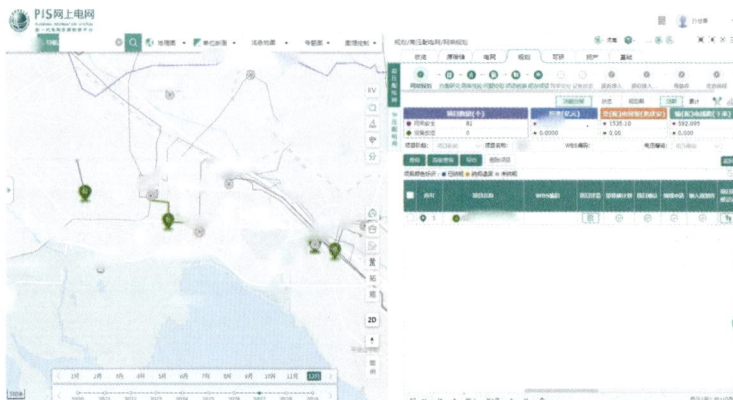

图 14　HG 2 号主变压器扩建工程

三、成效总结

　　本案例依托"网上电网"平台，助力重要用户零计划停电示范区电网规划。一是以电网在线分析辅助规划方案制订。借助平台"电网现状""电网规划""出线档案""网架结构""发展诊断"等功能模块，实现全面翔实掌握区域电网情况，辅助规划方案的制订。二是以全息数据助力规划项目落地。依托平台各个模块提供的全息数据，精准高效诊断电网薄弱环节，支撑电网规划高效落地，保障重要用户零计划停电示范区建设。三是以深化应用推动发展业务数字化转型。规划建成重要用户零计划停电示范区后，将大幅提高重要用户的供电可靠性。在此基础上，持续深化平台应用成效，推动发展业务数字化转型，促进管理模式革新，助推公司和电网高质量发展。

主要完成人：张　磊　王逸超　韩一霈　孙世勇
　　　　　　　迟　成　张　宁　张照真　赵翔旭

二、优质高效开展项目前期

16. 运用"网上电网"开展主网前期精益化管理

🍃 一、背景介绍

为深入贯彻公司关于加强电网基建项目全过程精益化管理相关规定，依托"网上电网"平台，使用"地理图""规划全过程""35～220kV 可研管理"等功能模块，从项目规划前期技术方案线上可视化、管理进度流程化两方面构建支撑体系，推进电网项目前期全链条精益化管理，实现电网项目从规划、前期至项目建设、投产全过程高效衔接。

🍃 二、应用详情

以 N 县 LH 变电站—TJ 变电站 110kV 线路工程为例。

（一）项目建设必要性

一是解决局部电网重过载问题。截至 2023 年，LN 变电站最大负荷为 71MW，正常运行方式下，LH 变电站—LN 变电站—WC 变辐射型供电，LH 变电站—LN 变电站 110kV 线路由 2×JL/G1A—240、LGJ—300 导线组成，极限输送功率为 200、90MW。根据负荷预测，2024 年 WC 变电站投运后，WC 变电站、LN 变电站最大负荷将达到 90MW 以上，LGJ—300 导线已经过载。亟须优化电网结构，解决 LH 变电站—LN 变电站 110kV 线路输电瓶颈问题，满足负荷增长需求，提高供电可靠性（见图 1）。

二是优化局部电网网架结构。本工程投运后，形成 LH＝＝TJ—FY＝＝LH 环网结构，LH＝＝TJ—WC（拟建）—LN—CW—LH 单环网结构，LH＝＝TJ—WC（拟建）—LN—LH 单环网结构（见图 2），供电可靠性大幅提升，运行方式更为灵活，同时满足"*N*—1"供电需求，解决环内 110kV 变电站较多，运行复杂，供电距离较长问题。

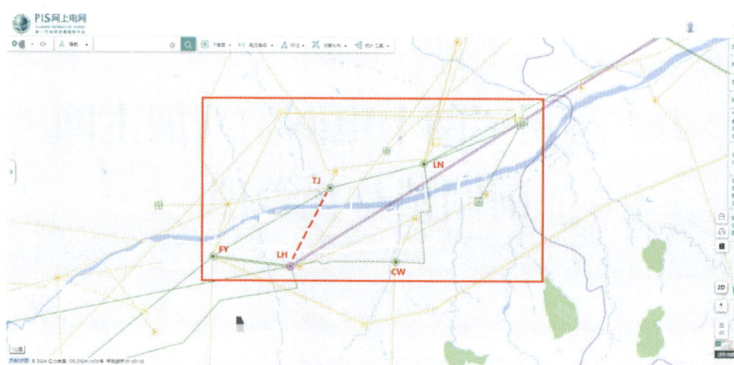

图 1　N 县区域网架结构

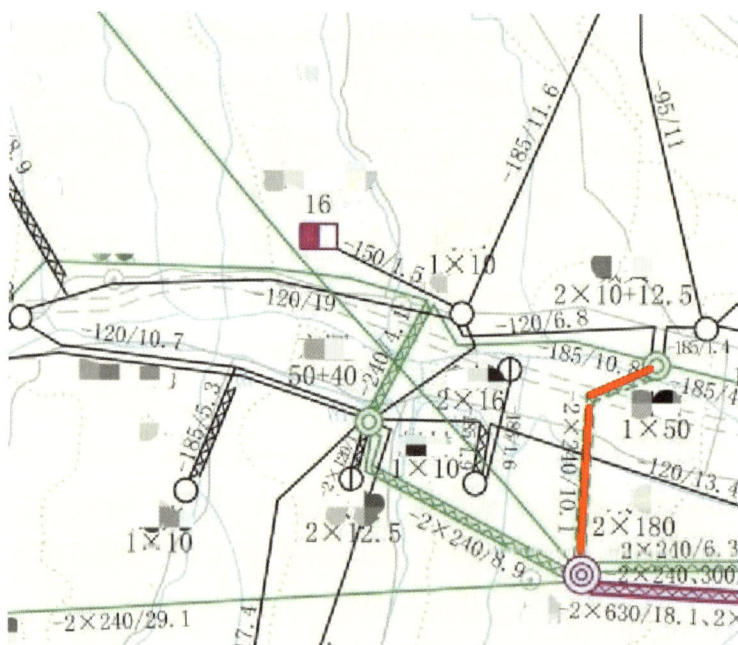

图 2　N 县 LH 变—TJ 变 110kV 线路电网接线示意图

本工程本期扩建 LH 变电站、TJ 变电站各一个出线间隔，LH 变电站 110kV 出线 2 回至 110kV TJ 变电站，同塔双回架设，新建路径长度 10.1km，电缆线路路径长 0.03km（不包含 TJ 变电站内电缆线路路径 0.07km），形成 LH—TJ 双回 110kV 线路 10.13km，新建导线型号为 2×JL3/G1A—240/30 型高导电率钢芯铝绞线，新建电缆采用铜缆截面 1200mm²。

（二）纳规入库

依托平台"规划全过程—高压配电网规划编制—评审纳规"模块，根据项目规划方案进行上图纳规，项目储备入库后生成项目编码。如图 3 所示。

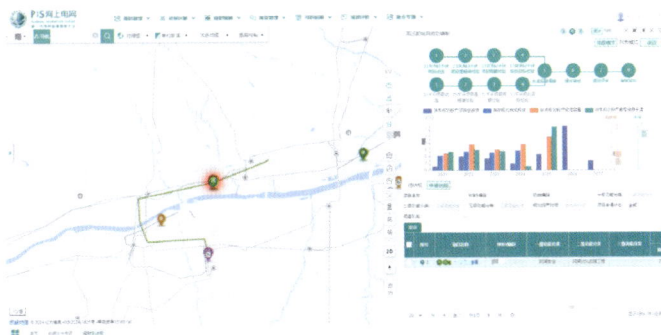

图3　N 县 LH 变—TJ 变 110kV 线路工程规划入库

（三）选址选线

通过使用"首页—地理图—卫星地图"功能，调用平台强大的图数集成能力，可以详细掌握工程路径涉及的公路等级、河流、电网线路、林区、山区、居民区等诸多情况，为可研工作选址选线提供支撑。

以 LH 变电站—TJ 变电站线路工程选址选线优化工作为例，基于地图信息初步形成线上选址选线多个预选方案，结合实际情况线下实地勘察，高效支撑形成最终优化方案，达到减少交叉跨越、避让居民房屋等目的。从图4可看出，该工程最终优化方案，在最小化跨越河、省道、高速等基础上，仅跨越 110、35kV 线路分别为 1 次和 2 次。符合城乡用地规划，满足环评、水保、防洪等相关部门要求，为后期取得各委局支撑性协议奠定坚实基础。

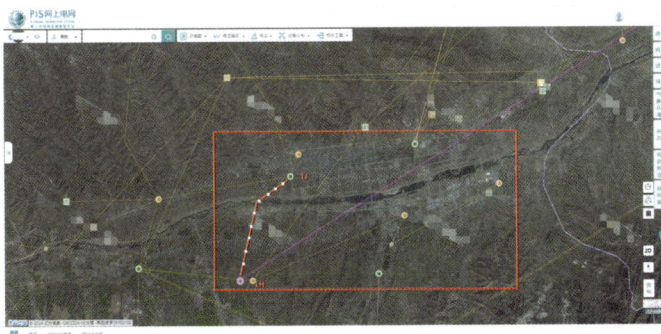

图4　LH 变电站—TJ 变电站线路工程地理图

127

（四）验证可研合理性

使用"规划全过程—地理—环境"功能，在线综合分析 N 县区域覆冰、舞动等气象灾害分布情况。以覆冰风险分析为例，结合 LH 变电站—TJ 变电站 110kV 线路工程地理路径，可以看出线路路径区域未处于"重冰区"，如图 5 所示。

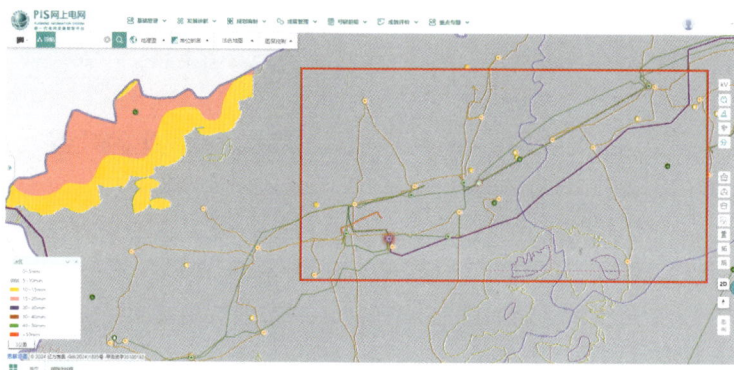

图 5　LH 变—TJ 变 110kV 线路工程覆冰区

经潮流分析计算，根据 L 市电网规划和 110kV TJ 变电站主变压器容量，确定本次 LH 变电站—TJ 变电站线路工程选用 0.03km YJLW03—64/110—1×1200 单芯交联聚乙烯绝缘皱纹铝包聚乙烯护套电力电缆，导线选择 10.1km 双回架空线路 JL3/G1A—240/30。运用"规划全过程—综合造价管理"功能，计算出电缆和架空线路综合造价分别为 X 万元、Y 万元（见图 6）。

综上应用实践，有效支撑了可研方案编制，满足环境影响、输送容量、施工运维等要求，达到可靠性、经济性和社会效益统筹最优。

图 6　综合造价

（五）可研信息维护

使用"规划全过程—可研信息维护"模块，完成 LH 变电站—TJ 变电站线路工程项目的投资、规模等信息维护。利用"规划—可研规范性监测"功能，开展本项目的规划—可研规模、投资偏差校核，满足规划准确率要求，提升项目规划质量，支撑项目规划落地率提升。如图 7 和图 8 所示。

图 7　可研信息维护

图 8　可研—规划的规模、投资偏差

（六）35～220kV 前期文件管理

按照年度前期工作计划安排，根据时间节点要求使用"35～220kV 前期—前期文件管理"功能，完成 LH 变电站—TJ 变电站线路工程的环评批复（L 环辐表〔2024〕××号）、水保批复（N 水许准字〔2024〕第×号）、核准批复（N 发改审批〔2023〕×××号）等前期文件上传，实现计划数据智能展现。

同时，平台实现与建设部 e 基建系统融合贯通，高效自动在线完成前期文件流转，避免线下文件传递低效、时延、误差等问题，优质服务工程开工建设，推动规划、前期、建设等全环节数字化转型。如图 9 所示。

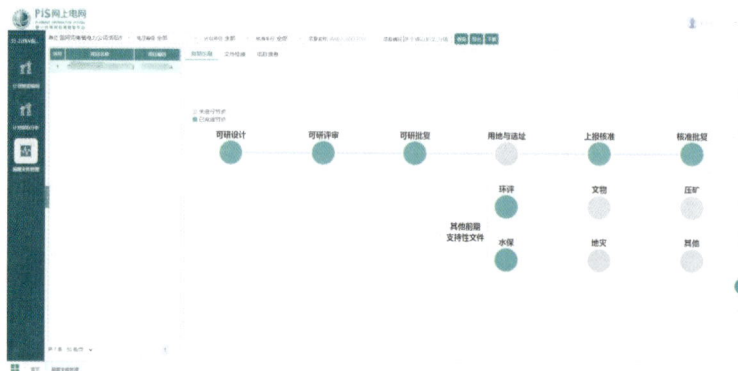

图 9　35～220kV 前期文件管理

三、成效总结

　　本案例依托"网上电网"平台，坚持"线上""线下"作业统筹融合的前期工作方法，形成四方面成效。一是使用"全景导航一张图"等模块，从电网网架、重过载等多角度分析，有力支撑项目建设必要性、规划方案准确性论证等工作开展。二是使用"地理环境"等功能，支撑选址选线、可研方案科学高效编制。使用"可研信息维护"模块，完成投资、规模等信息维护。利用"规划可研规范性监测"功能，辅助规划—可研规模、投资偏差校核，提升项目规划质量。三是使用"前期文件管理"功能，完成前期文件上传，实现计划数据智能展现、进度实时跟踪可控，从而完成前期工作全流程闭环管控，推动项目前期精益化管理。四是平台实现与建设部 e 基建系统融合贯通，高效自动在线完成前期文件流转，优质服务工程开工建设，推动规划、前期、建设等全环节数字化转型。

主要完成人：白永祥　闫　珺　谷明哲　燕少鹏　尹轶珂　刘占坤
　　　　　　　潘爱鹏　史二飞　薛庆宽　袁莉莉　薛明洋

三、科学开展项目投资评价

17. 借助"网上电网"开展输变电工程后评价

🍃 一、背景介绍

项目后评价是指电网项目建成投运后，对项目的建设目标、完成时间、效率效益等情况进行系统客观的评价和分析。按照国家电网公司和省公司要求，新建变电站投运以后，需开展项目后评价工作。E 市 2023 年共计投运 110kV 项目 8 个，需要从设备达产情况、供电量、设备状态方面验证评价项目的可行性、准确性及实施成效，项目数量多，投资后评价难度高。E 市借助"网上电网"的"项目后评价"功能，选取典型项目开展后评价，形成可复制工作方法，继而推广开展其他项目后评价分析，为公司整体项目后评价管理奠定坚实基础。

🍃 二、应用详情

（一）查询项目基本情况

以 110kV ZL 变电站扩建工程为例，通过"网上电网"平台"项目后评价"功能，查询 110kV ZL 变电站项目情况。110kV ZL 变电站扩建工程投产时间为 2023 年 7 月 20 日，该项目主要为满足新增负荷供电需求，解决 E 市 C 县 110kV ZL 变电站变压器重载问题，可研批复建设 1 台 50MVA，投资 X 万元。如图 1 所示。

（二）开展输变电工程后评价工作

（1）建设目标完成情况。使用"计划投资—投资管理—电网基建投资事后管理—项目后评价—35kV 及以上项目评价—项目设备关联"功能，可查看该项目规划容量为 50MVA，类型为变电项目，状态为已投产。已关联 1 台主变压器设备，容量 50MVA，投运后该变电站总规模 2×50MVA，容量 100MVA。

图 1　ZL 变电站项目后评价项目情况

（2）完成时间情况。使用"计划投资—投资管理—电网基建投资事后管理—项目后评价—35kV 及以上项目评价"功能，可查看 110kV ZL 变电站扩建工程已投运，时间为 2023 年 7 月。

（3）效率效益情况。查看该变电站运行、电量曲线，110kV ZL 变电站近一年最大负载率 65%，完成输入电量 14865 万 kWh，输出电量 14823 万 kWh，损失电量 40 万 kWh，变电站损耗 0.28%。

综上分析可知，该项目投运后，整体变电站运行状态良好，符合电网建设投资政策及原则。如图 2、图 3 所示。

（三）项目达产情况

使用"计划投资—投资管理—项目后评价—设备评价"功能。查看 110kV ZL 变电站扩建工程新建 2 号主变压器最大负载率为 55%、平均负载率为 13.31%，变压器无重载情况，变压器运行成效指数为 0.87，变压器最大负荷利用小时数 1095h。

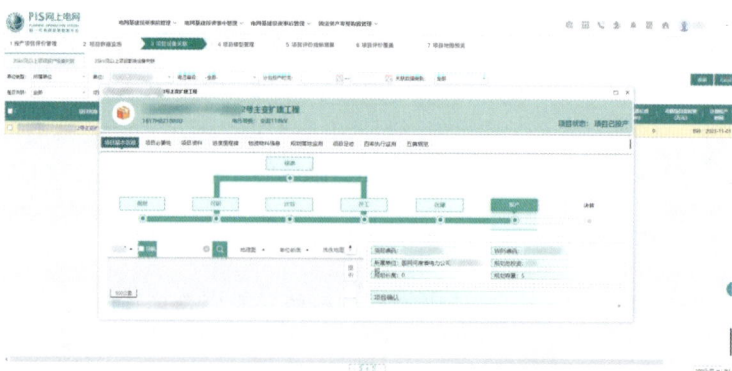

图 2　ZL 变电站 2 号变压器扩建工程项目投产基本信息

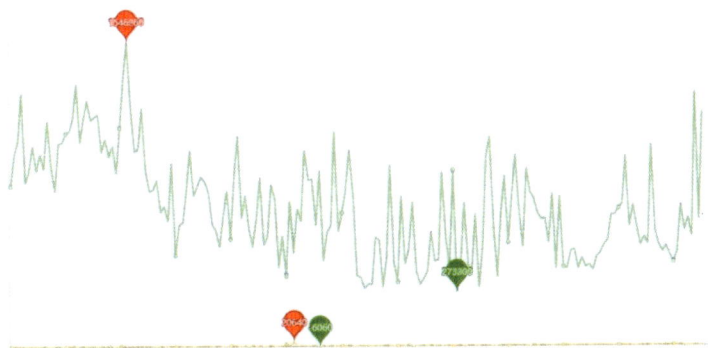

图3 ZL变电站2号变压器扩建工程电量参数

（四）利用率分析

近年来，项目受所在区域经济社会发展水平影响，用电需求未达预期，该站平均负载率在20%，如图4所示。下一步，可统筹考虑，通过110kV ZL变电站中压线路联络转接其他区域负荷，优化调整提升该站负荷水平，提高该项目设备平均利用效率和投资收益水平。

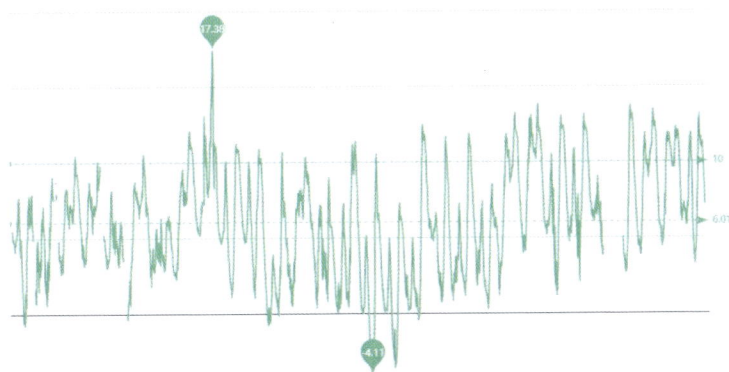

图4 ZL变电站2号变压器扩建工程项目达产情况

（五）输变电工程后评价整体情况

按照110kV ZL变电站扩建工程的投资后评价工作流程和标准，E市完成了2023年投产的全部110kV输变电工程的后评价工作。整体来看，共计投产主变压器7台，新增110kV线路110km，完成投资×亿元。2024年，7台投产的主变最大负载率35%，平均负载率25%，基本满足投资效益要求，如图5所示。

图 5　输变电项目后评价整体情况

三、成效总结

本案例依托"网上电网"平台，利用数字化手段开展工程后评价分析，直观展示工程项目的建设目标、完成时间、效率效益情况，有力支撑项目管理和效益分析，具备推广价值。一是高效完成了典型项目后评价。以新蔡县 110kV ZL 变电站 2 号变压器扩建工程为例，判断项目建设投资整体符合政策和原则，并基于客观因素分析，根据变电站平均负载率处于的 25% 水平，运用"拓扑联络"和"负载率分析"功能，提出负荷转接提升的优化措施。二是熟练应用项目后评价工作方法。使用"项目后评价"模块，规范了项目后评价流程，高效直观获取后评价数据，辅助项目建设成效评估，形成可复制经验。三是推广完成整体项目后评价工作。基于典型项目后评价工作方法，推广分析驻马店 2023 年投产的 110kV 输变电工程，得出基本满足投资效益要求的初步结论（最大、平均负载率分别为 36%、25%），为公司整体项目后评价管理工作提供了技术支撑。

主要完成人： 李　岩　吴　江　王晓宁　冯华威　王雨婷　胡一帆

四、精益高效制订综合计划

18. 依托"网上电网"信息化手段开展综合计划全流程管控

🍃 一、背景介绍

综合计划统领公司年度经营发展目标，是全面落实公司战略和规划的系统性实施方案。综合计划过程管控是刚性执行综合计划、完成年度目标任务的重要手段。

"网上电网"平台贯通"项目中台"，完成基建、零购、技改等 16 个专项的数据集成和统筹管控，提供综合计划全流程一站式线上服务，实现"网上办、线上管、随时看"，全面支撑综合计划管理横向协同、纵向贯通。B 市通过"网上电网—综合计划—执行监测分析"功能模块，紧密跟踪综合计划执行情况，强化发展、建设、配网、运检、财务等专业协同，加强指标执行异动分析、要素保障和力量投入，定期通报各专业项目执行进度，及时发现并疏通执行堵点，有效落实公司各项重点任务安排，切实推动市、县公司综合计划刚性执行。

🍃 二、应用详情

使用"网上电网—综合计划—执行监测分析"模块，可辅助地市公司对发展投入各专项计划执行情况进行监测。该模块包括"执行报告管理""执行预警监测""计划进度监测"三大功能模块。

（一）层层分类剖析项目滞后环节

使用"执行监测分析—执行报告管理"模块，可分类分析发展投入各专项项目建项、需求提报、财务入账、里程碑计划等指标执行情况，研判预警项目执行进度，达到计划执行全过程精准管控效果。

1. 辅助监测分析各专业执行进度

运用"执行报告数据管理"功能，可分专业类型查看各环节项目执行明细，逐个项目分析各环节执行进度。本案例以电网基建专项为例来说明该模块的功能应用情况。

点击"专项类型"下拉菜单，选择电网基建专项，执行报告指标栏中相应指标，即可分类分析对应指标已完成项目明细、未完成项目明细及计划下达项目明细，同时也可导出逐项进行筛查（见图 1）。

图 1　电网基建项目建项情况示意图

截至 2024 年 8 月底，B 市电网基建计划下达 A 亿元，项目创建率为 100%；需求提报率为 97.8%；财务入账率为 53.0%；投资完成率为 55.9%；新开工 110kV 及以上交流输电线路完成率 65.2%，变电容量完成率 54.6%；投产 110kV 及以上交流输电线路完成率 56.6%，变电容量完成率 51.7%；投资完成与入账偏差率 4.9%。

综上分析，B 市电网基建资金入账率较低，新开工及投产项目建设进度滞后于计划进度，需加快推进项目前期准备工作，确保项目早日开工，资金应入必入。

运用"财务入账率"功能，可分析项目本年累计含税入账成本明细、计划下达规模、本年未发生入账项目明细、计划下达项目明细，进一步分析电网基建资金入账情况。通过比对分析，梳理出 B 市电网基建项目计划下达 327 项，目前已发生入账 282 项，仍有 45 项未发生入账。查看项目明细可知，其中，39 项为 8 月份新增 10kV 项目，4 项为 9 月、11 月份计划开工 35～110kV 项目，2 项为争取开工 35～110kV 项目（见图 2）。

点击"新开工、投产线路和容量完成率"功能按钮，可查看对应指标计划规模和完成规模明细，分析项目程碑计划执行情况。通过比对分析，梳理计划开工时间，逐项找出滞后项目。经梳理，B 市 110kV 及以上电网基建项目计划新开工 41 个项目，目前已开工 28 项，其他均未到里程碑计划开工节点；计划投产 11 个项目，目前已投产 7 项，其他均未到里程碑计划开工节点（见图 3）。

图 2　电网基建项目成本发生情况示意图

图 3　新开工 110kV 及以上交流线路完成情况示意图

2. 快速生成执行分析报告

使用"整体执行分析报告生成""各专项执行分析报告生成"和"计划执行报表管理"等模块，可分整体、专项快速生成当月计划执行分析报告及报表，辅助计划管理人员分析各专项、各县公司项目执行情况，快速找准问题，制定提升措施（见图 4～图 8）。截至 8 月底，B 市综合计划发展投入项目在 ERP 系统项目创建率为 99.9%；需求提报率为 95.7%；投入完成率为 53.6%。

（二）实时监测项目执行预警

使用"项目合规预警问题查询"和"执行问题报备管理"等模块，可对项目进度滞后、项目管理规范性及指标执行问题进行监测。截至 8 月底，B 市不存在长期执行无进展、管理不规范等项目，各项计划指标进展顺利（见图 9）。

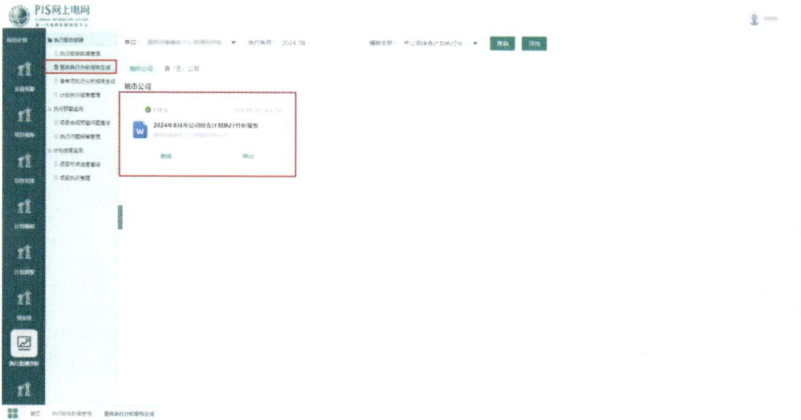

图4 "网上电网"整体执行分析报告生成模块

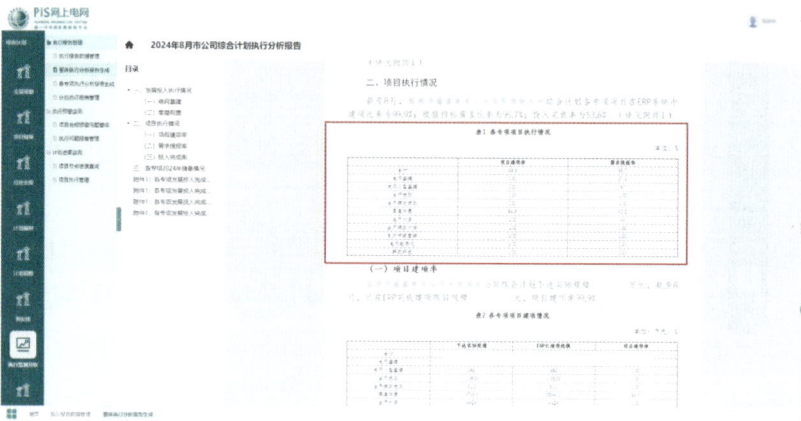

图5 B市整体执行分析报告示意图

图6 "网上电网"各专项执行分析报告生成模块

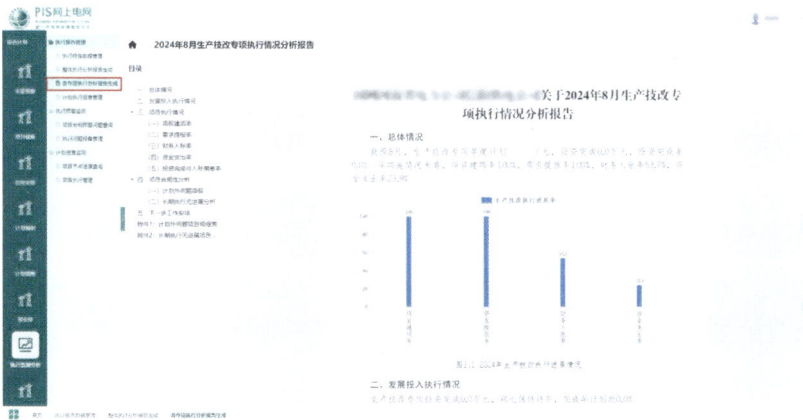

图 7　B 市生产技改执行分析报告示意图

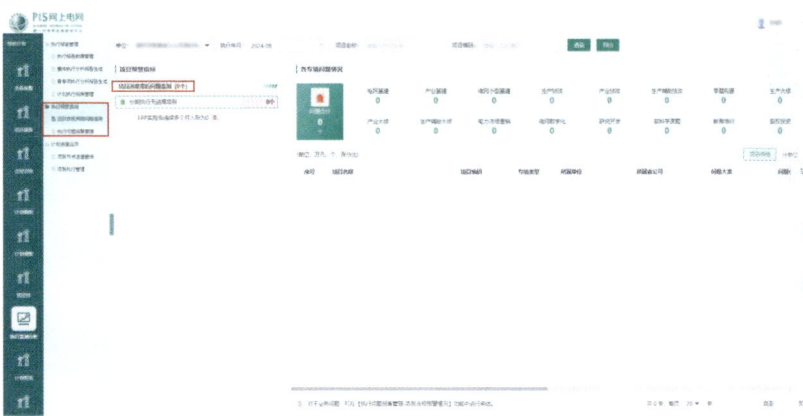

图 8　B 市计划执行报表管理模块

图 9　B 市计划预警监测模块

（三）直观展示计划执行进度

使用"项目节点进度查询"模块，可总览从项目建项到项目关闭全流程节点执行情况，并实现图表直观展示（见图 10）。使用"项目执行管理"模块，可分专业查询各项目执行明细，包括项目创建时间、第一次申请采购时间、累计申请金额、入账金额等信息，辅助管理人员逐项对比分析，找准项目执行短板和弱项，做好计划执行研判预警工作，推动工程建设进度，合理加快财务入账，确保计划有序推进（见图 11）。

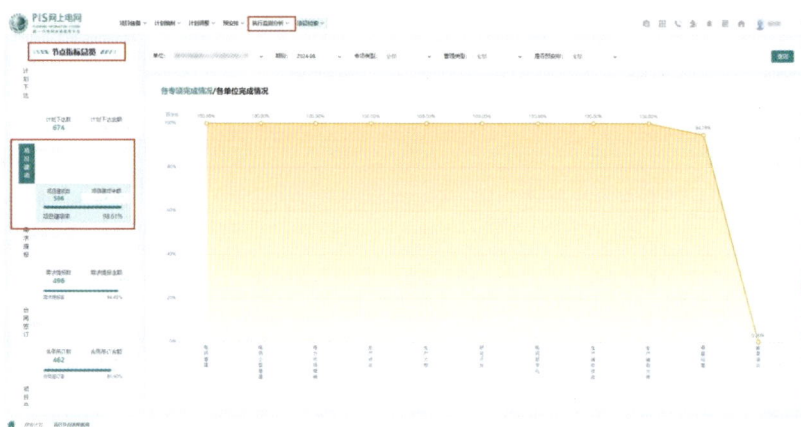

图 10　B 市项目节点进度查询模块

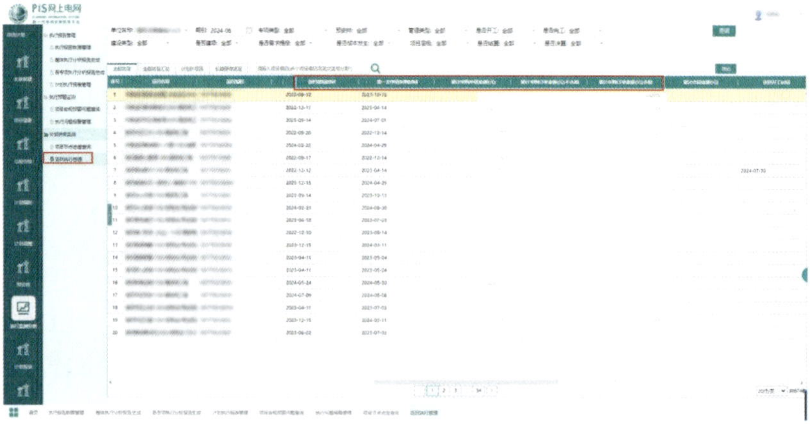

图 11　B 市项目执行管理模块

三、应用成效

B 市依托"网上电网"平台，运用"执行监测分析"功能，支撑综合计划全流程分析和管控，高效落实各项重点任务安排，切实推动综合计划刚性执行，服务公司年度经营发展目标完成。一是有力支撑计划执行监督检查工作。多维实时可视化展示发展投入指标完成情况，提供指标至项目级别等多重预警提醒，辅助综合计划过程管控，精准助力项目执行进度滞后、管理不规范等问题发现、治理措施制订等工作，有力推进综合计划刚性执行。二是全面实现计划执行数据统筹贯通。针对基础和业务数据获取困难问题，平台实现了 16 个专项计划执行数据集成融合，改变了以往依赖线下手段获取相关数据的不利局面，为计划执行管控提供了高质效的在线数据支撑。三是高效辅助计划执行报告自动生成。平台实现一键导出功能，按照自定义模板在线自动生成计划执行报告，并以图文并茂的形式直观呈现，降低了文字起草、数据统计、图形绘制等事务性琐碎工作量，切实为基层一线人员减负、增效和赋能。

主要完成人：申义贤　刘　煜　程萌萌　杨　鹏

五、精准统计赋能电网发展

19. "网上电网"赋能 P 市城区 "油地一张网"高质量发展

一、背景情况

P 市是"因油而城，因油而兴"的城市，其建设发展与 ZY 油田息息相关。ZY 油田是中国石油化工集团公司下属的第二大油气田，总部位于河南省 P 市。根据《国务院办公厅转发国务院国资委、财政部关于国有企业职工家属"三供一业"分离移交工作指导意见的通知》要求，国网河南省电力公司全面完成 P 市 ZY 油田总部基地供电资产接收。接管供电范围 42.95 平方公里，资产 6.5 亿元，客户 8.7 万户，占市区供电户数 24.51%，中压均为 6kV 供电。P 公司充分运用"网上电网"平台，从移交设备运行负荷、新增电源点、线上规划配网网架建设以及用户接入等方面，开展移交电网升级改造工作，开启了 P 市城区"油地一张网"发展新蓝图。

二、应用详情

（一）总体思路

利用"网上电网"平台，开展移交区域融入公司电网规划研究，制定了三步走战略。第一步，维护好现状电网。加强"网上电网"平台数据治理，实现平台运行数据可视化。第二步，衔接好过渡电网。加快推进区域内电网建设。第三步，规划建设好目标电网。逐步取消 6kV 电压等级，保障区域内全部新增高压用户 10kV 接入，退运 6 座 35kV 变电站，实现"油地一张网"发展目标。

（二）实施措施

1. 维护好现状电网平台数据

从"首页—电网概况"来看，ZY 油田总部基地移交 1 座 110kV ZC 变电站，7 座 35kV 变电站［ZX 变电站、WY 变电站、JC 变电站、MC 变电站、TX 变电站、ZJ 变电站、HF 变电站（已退役）］，主变压器容量共计 262.95MVA；110kV 线路 2 条；35kV 线路 13 条；6kV 线路 77 条。6kV 公用变压器小区 46 个、社会小区 12 个，公用变压器 154 台、专用变压器 153 台（见图 1）。

图 1　移交变电站站址位置示意图

通过"统计分析—新型电力系统统计—设备集成源"模块，对移交的 7 座变电站建立设备档案并进行 EMS、PIS 等系统多源匹配。利用平台测点匹配功能修复设备运行跳变数据，加强移交设备运行数据治理，使电网运行数据可用率达到 99.98%，实现了移交设备全量接入、运行负荷可视化（见图 2）。

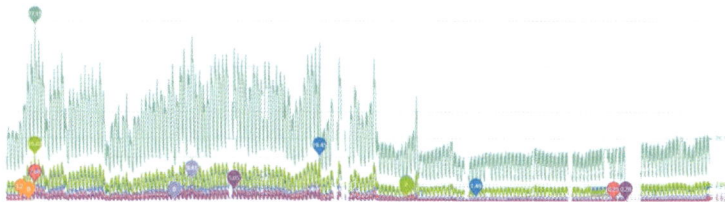

图 2　油田移交 35、110kV 设备系统运行示意图

2. 衔接好过渡电网

从平台"历史发展追溯"功能来看，移交初期，主网方面：油田区域移交各 35kV 变电站仅由 110kV ZC 变电站实施供电，电源点单一（见图 3）。

图 3　ZC 变电站及周边 35kV 变电站供电路径示意图

通过"网上电网—配电网规划—网架情况"模块计算结果来看，配网方面：油田 B 类供电区域内均为 6kV 供电，网架联络率仅达到 65.1%，标准接线率 38.6%，电网结构薄弱，需加快配网线路延伸。同时还存在 6kV 无法与公司现有 10kV 电网互联互供的问题（见图 4）。

图 4　油田区域 B 类 10kV 电网线路接线示意图

依托"网上电网规划全过程—时序断面管理"功能，常态化开展断面切取，进行配网运行诊断。依据诊断结果来看，油田区域 6kV 电网大多为老旧线路段，水泥杆风化严重。经排查区域内 79 台 6kV 开关柜为 GG—1A 型柜体，不符合安全工况要求。并且通过平台"国土空间图"来看，区域内居民分布区较为广泛，存在较大的安全风险（见图 5）。

3. 规划建设好 10kV 网架逐步取消 6kV 电压

P 公司为加强配网网架，保障居民正常生活用电，统筹推进"6 改 10"，加快油田电网与公司电网深度融合，助推电网与城市发展紧密衔接。

区域内先后建成投运 110kV RQ（2×50MVA）变电站、110kV NH（1×63MVA）变电站两座变电站，区域周边扩建 110kV MK 变电站一台主变

（1×50MVA），为新建配出 10kV 线路，衔接好现状网架，为油田电网升级改造提供电源支撑，确保电网安全运行（见图 6）。

图 5　油田区域电网诊断结果及国土空间分布示意图

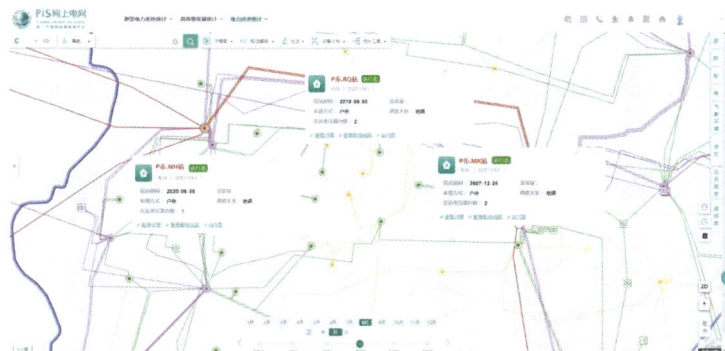

图 6　RQ、NH、MK 站址示意图

以 35kV MC 变电站配出区域为例，依托"档案参数—规模信息—线路"功能，查看 MC 变电站现有配出均为 6kV 线路，部分运行年限达到 20 年及以上（见图 7），需加快完成 6kV 线路升级改造。

图 7　油田 35kV MC 变电站配出线路档案年限示意图

依托"电网规划—配网规划—规划—中压配电网"功能，对 MC 配出区域开展规划线上作业。从规划成果来看，已完成"油田总部基地 35kV MC 变电站电网升级改造""戚城开关站至 MC 开关站电缆新建"等工程纳规入库，实现 35kV MC 变电站周边 10kV 电源点新建与 110kV NH 变电站、YS 变电站联络（见图 8）。

图 8　35kV MC 变电站周边 10kV 网架新建、改造与
110kV NH 变电站、YS 变电站联络示意图

通过穿透 MC 开关站及电缆新建工程项目页卡，可以看到该工程处于建设阶段，能够清晰查看项目流程信息及建设投资进度，把控项目的全过程信息（见图 9）。

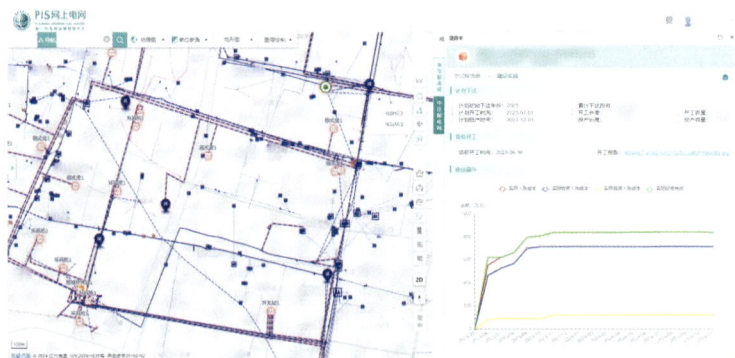

图 9　MC 开关站及电缆新建工程项目信息全过程示意图

综上可见，平台"配电网规划"模块的可视化、全景化、在线化，是稳步实现 6kV 升级至 10kV 网架互联、油田区域网架与公司电网互供的一大"法宝"。

据线下统计，油田区域 2024 年上半年负荷报装约 30MW，涉及多个小区及生产用户新增报装。P 市公司应用"网上电网—用户需求"模块，基于现状、规划网架情况在线生成多种用户接入方案，并在平台中实现统筹技术经济最优方案的用户上图，充分满足了油田区域新增用户高可靠性、经济性用电需求（见图 10）。

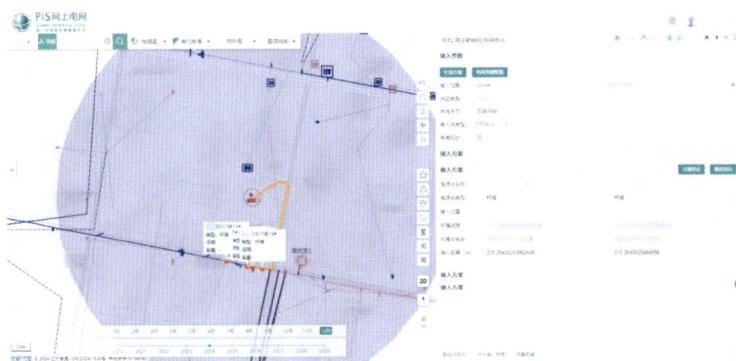

图 10　报装大用户方案自动接入示意图

🍃 三、成效总结

依托"网上电网"平台，通过"源网荷储模块""中压配电网规划""用户需求"等模块功能的深化应用，形成三方面成效。一是支撑多部门平台移交设备档案数据的融合，将线上运维工作可视化。二是将线上规划作业与现状网架有机融合，使油田区域标准化接线率提高至 96.8%。三是实现新增用户报装流程时长从原来的 7 天缩短至 4 天，提高了工作效率，满足客户高可靠性、经济性用电需求，进一步加快实现 P 市城区"油地一张网"电网发展蓝图。

主要完成人： 王雅楠　朱　硕　任潇潇　周　乐

第三篇

数据质量提升篇

推动数据质量全面提升。数据是"网上电网"平台的基石，完整、准确的基础数据是支撑电网发展业务在线高质量开展的重要前提。按照国家电网有限公司 2024 年工作方案部署，根据网上电网深化应用、电网一张图融合改造等专项攻坚安排，河南公司以实用化指标评价体系为抓手，深入持续开展基础数据质量提升工作。优选 8 篇典型应用实践，具体方向为：间隔资源、图数集成、图形拓扑、融合改造、运行数据、指标评价、负载率和电量分析等。每项应用均针对关键数据治理的痛点和难点，以实例展现了各专业横向协同、省市县三级纵向联动的数据治理工作模式，积极优化适应公司发展的工作机制和流程，探索创新适用于业务需要和生产实际的工作方法，提炼形成数据质量治理提升的实践指南，为国网系统整体数据质量优化贡献河南智慧和力量。

一、扎实提升档案质量

20. 基于"网上电网"提升变电站进出线间隔资源管理质量

一、背景介绍

间隔资源作为电网规划的基础性资源，其完整性和准确性直接影响到电网规划工作的质量。"网上电网"平台具备间隔资源管理功能，能够实现间隔资源的在线查询、使用状态分析以及规划占用等管理操作，为在运线路管理和新投线路线上规划提供了高效快捷的支持。然而，由于源端数据维护缺失、多系统融合贯通规范性缺乏、多专业协同难度大等原因，导致平台中间隔的设备名称、使用状态、连接关系等信息出现缺失或错误等问题，这对电网安全稳定运行形成了潜在隐患。因此，迫切需要开展基础数据集中核查治理工作，并建立常态化的专业协同和运维管理机制，以推动省市县消除管理薄弱环节，提升间隔资源基础数据的质量和管控水平。

二、应用详情

（一）工作目标

全面落实国家电网公司关于源端数据治理的要求，对所辖区域内所有公用变电站的进出线线路及间隔数据信息进行全面梳理。针对现状档案中存在的各类错误和缺失问题进行逐一治理，确保平台中的间隔资源数据与现场实际情况一致，实现间隔一致率指标达到 100%。

（二）工作依据

依据总部制订的间隔资源治理工作方案，协同设备、调控和运维等专业部门，利用网上电网"间隔资源管理"模块，结合现场实际运行情况，对公用变电站高、中、低压侧进出线与间隔资源信息进行全面核查治理，最终达成源端系统、网上电网平台与实际情况三者之间三维一体、完整准确对应。

（三）分析 L 市变电站间隔档案情况

利用"网上电网"平台的"间隔资源管理"模块，以 L 市本部变电站为研究对象，对各电压等级间隔总数及已用间隔数量进行深入分析（见图 1）。

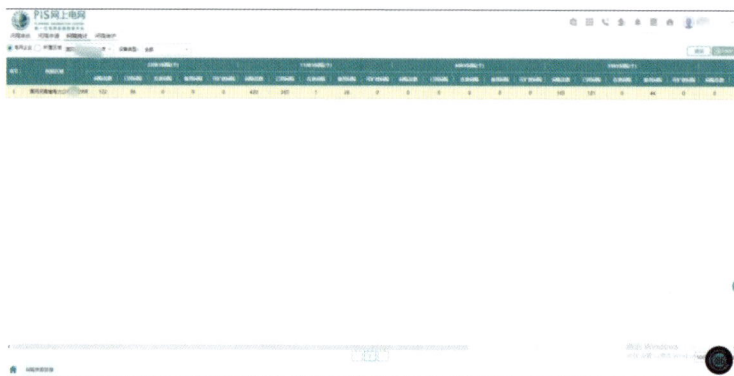

图 1　间隔统计示意图

从图 1 中可以清晰地看出不同电压等级下间隔资源的分布情况。此外，通过该模块还能够查看各间隔的使用状态及所关联线路名称（见图 2），这为掌握变电站间隔资源的详细信息提供了便捷途径。

图 2　间隔资源档案维护示意图

在对 L 市公用变电站间隔信息进行全面核查时，依托网上电网平台强大的技术支撑，发现公用变电站进出线间隔档案准确率仅为 85%。经过深入分析，准确率不高的主要原因可归结为"线路段重复计入"和"间隔分类有误"两类情况。例如，同一条线路可能在档案中被重复记录，导致间隔数量统计错误；或者间隔的分类与实际设备功能不相符，影响了对间隔资源的准确管理。若基于未治理的信息开展规划工作，将不可避免地导致资源分配不合理，备用设备难以精准配置和有效使用，进而造成严重的资源浪费。同时，这也会给专业人员带来误导，引发协调难度增大、沟通不畅以及工作效率低下等一系列不利局面。

（四）"线路分段重复计入"治理案例

1. 问题发现

以 Y 县 110kV CG 变电站为例。使用"实用化情况评价"模块，对该站线路间隔资源进行核查，发现进出线数量与实际不匹配（见表1）。

表1 核查问题明细表

线路电压等级	D5000 系统	网上电网	存在问题
110kV	在运 2 条	在运 5 条	重复计入 3 条
35kV	在运 5 条	在运 3 条	重复计入 2 条
10kV	在运 11 条	在运 13 条	重复计入 2 条

以 110kV 线路排查治理为例，可以看到档案与实际不符（见图3、图4）。在图3中，部分间隔名称相同，但线路名称存在多个，例如"1 TC 2 甲"和"2 TC 2 甲"间隔对应的线路出现重复。经核查，原因为：同一条线路人工重复录入，并赋予了不同的间隔编号（"1 TC 2 甲"和"2 TC 2 甲"）。后续数据维护过程中未被及时发现和纠正，影响了间隔资源信息的准确性。

2. 治理过程

导出间隔资源明细，并分析定位，原因为 PMS 3.0 源端维护重复。组织设备专业在源端完成重复数据删除，重新推送至网上电网平台，完成数据治理。

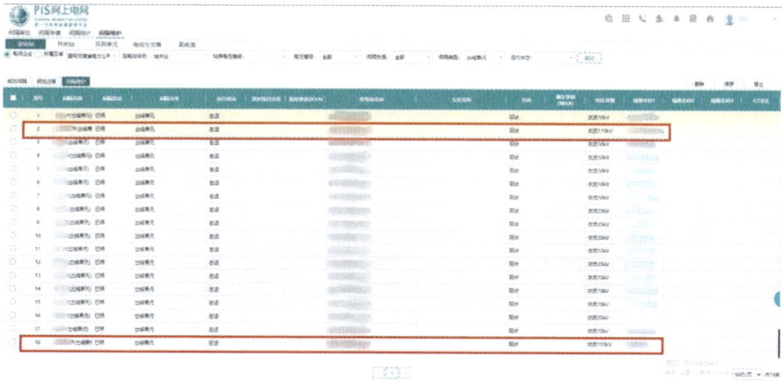

图 3 CG 变电站间隔示意图

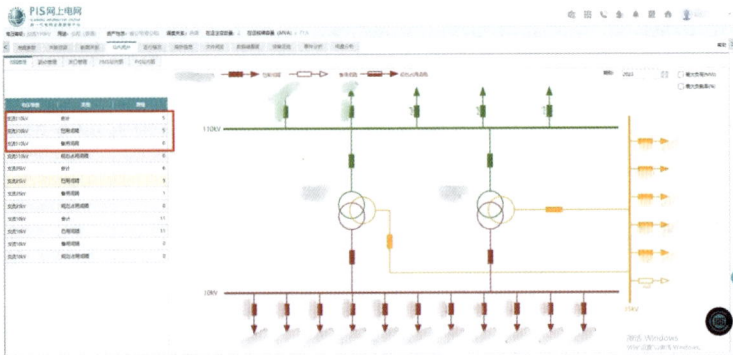

图 4　CG 变电站内拓扑示意图

通过对该类问题的集中治理，消缺异常数据 67 条，有效提高了间隔档案数据准确性，为电网规划工作提供了可靠的数据支持。

（五）"间隔名称、状态和关联线路不符"治理案例

1. 问题发现

以 Y 县 110kV WG 变电站为例，发现存在以下三类主要问题：

（1）间隔名称与间隔分类不匹配：例如，"W 10 西 PT"间隔类型误标记为"出线单元"，影响了对间隔资源准确识别和管理（见图 5）。

（2）间隔状态与实际不一致：例如，"W22#"出线单元实际为"未投运"，但平台间隔运行状态为"投运"，影响运维人员对设备状态的判断（见图 6）。

（3）间隔关联线路错误：例如，"HW2"出线单元错误关联为"W9#GZ 线"，影响电网拓扑结构正确生成（见图 7）。

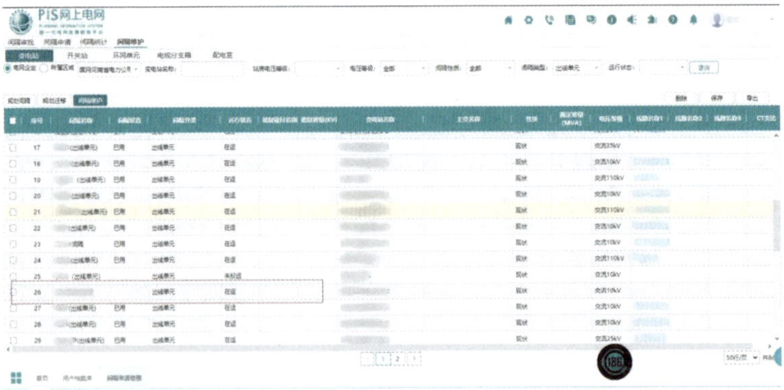

图 5　W 10 西 PT 间隔示意图

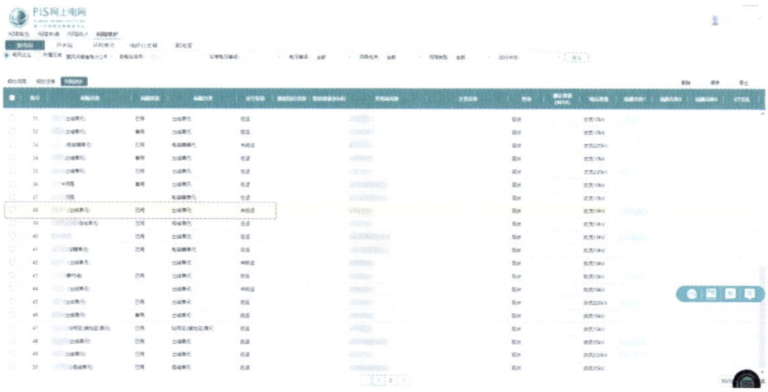

图 6　W22#间隔示意图

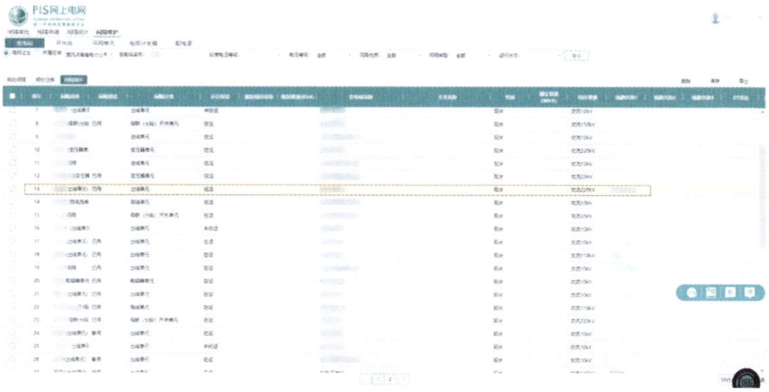

图 7　HW2 间隔示意图

2. 解决方法

针对上述问题，采取以下有效解决措施：

（1）通过"变电站详情页"核查进出线条数。从变电站的整体层面出发，对进出线条数进行核对，确保数量的准确性。

（2）穿透"变电站—站内拓扑"，核查间隔与线路匹配情况。深入到站内拓扑结构中，检查进出线间隔名称是否与实际线路名称匹配，及时发现并网上电网平台纠正不匹配的情况。

（3）使用"首页—公共应用—专题应用—间隔资源管理"功能，核查线路间隔占用情况。重点核查备用线路的"间隔状态"是否正确标记为"已用"，对错误问题，及时在网上电网平台进行修改。重点核查"间隔分类"中电容器、开关单元等是否被错误维护成了"出线单元"，对错误问题，及时在源端系统中进行修改。

通过对间隔名称、状态和关联线路不符等问题的集中治理，有效提高了间隔信息准确率，间隔一致率位于五县第一（见图8）。

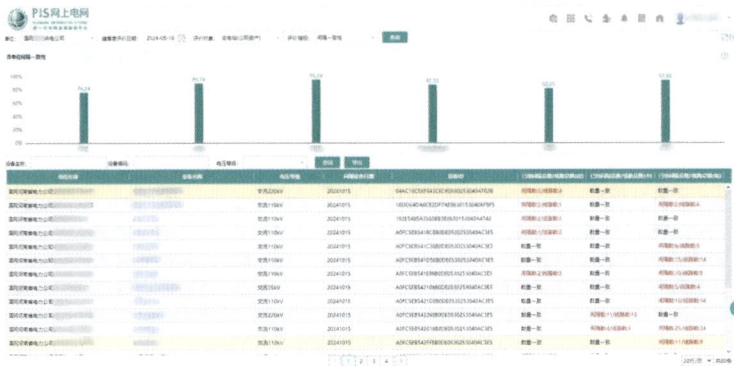

图 8　间隔档案一致率示意图

🍃 三、成效总结

依托"网上电网"平台开展间隔资源管理，通过有效解决 "线路段重复计入"和"间隔分类有误"这两类典型问题，取得了以下三个方面的显著成效。一是建立多专业协同工作机制。成立专项工作小组，形成发展、设备、调度等多专业协同常态工作模式。定期召开会商会议，及时汇报存在问题，评估数据治理效果，沟通协调形成关键事宜解决措施。二是数据治理工作效率得到提升。借助平台"间隔一致率"功能，全面清晰高效掌握问题清单情况。通过"图形拓扑""设备档案详情"等透查功能，精准辅助定位线路重复计入、间隔名称、状态和关联线路不符等问题根源，为间隔资源数据治理提供了工具支撑，实现了数据治理流程规范化和简洁化，工作效率较传统工作模式提高 3 倍。三是间隔资源一致率指标显著提高。以 Y 县的变电站进出线间隔档案治理为例，通过针对性的治理措施，变电站进出线间隔档案信息准确率由 85% 提升至 98%，为在运线路管理、网架拓扑分析、新投线路线上规划提供了高质量的数据支撑。

主要完成人： 韩绍娟　王　琪　石　磊　郭　宁

21. 高效提升"网上电网"设备图数治理成效

一、背景介绍

"网上电网"全景导航一张图是支撑网上管理、图上作业的重要工具。基于源端省侧电网资源业务中台和电网一张图,"网上电网"平台分别实现了 10kV 及以上档案和图形拓扑采集,并使用多源异构建模技术完成图数一体化集成应用,实现电网全景导航一张图功能。由于传输链路、档案维护、关联匹配等多因素制约,造成图数不一致等情况,影响发展业务在线开展。因此,D 市公司动态持续实施图形和档案数据融合诊断治理,保障图数一体化完整准确,提升网上电网实用化水平。

二、应用详情

以 D 市公司为例,首先,介绍网上电网图数指标和问题查询方法。其次,介绍图形和档案传输链路情况。最后,以实例介绍展示"有图无数""有数无图"两类问题治理方法。

(一)图数治理指标问题查询

以 D 市 WS 县公司为例,通过点击"系统检测"子菜单中的"实用化评价"模块,即可校核"设备图数实一致率"是否存在异常(见图 1)。点击指标数据,可穿透查询、展示该公司的图数问题(见图 2)。

(二)设备档案和图形拓扑集成链路

1. 档案集成链路

档案集成链路为"省侧电网资源业务中台—省侧数据中台—总部数据中台—网上电网业务库"(见图 3)。

2. 图形拓扑集成链路

10kV 及以上设备图形拓扑集成链路为"省侧电网一张图—总部电网一张

图—网上电网地理图"（见图4）。

图 1　设备图数实一致率

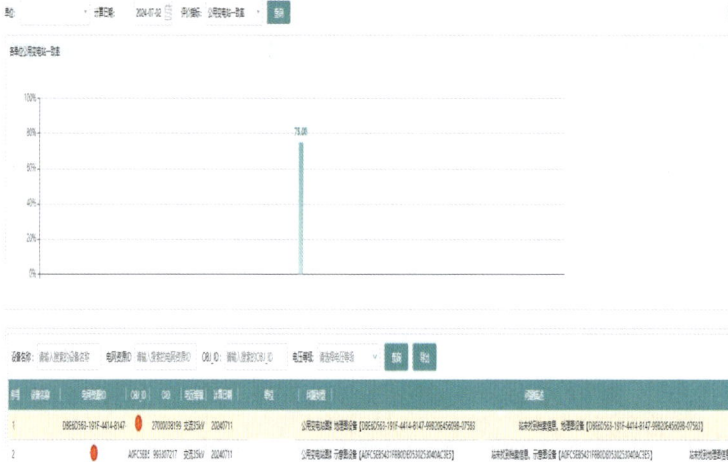

图 2　WS 公司公用站一致率

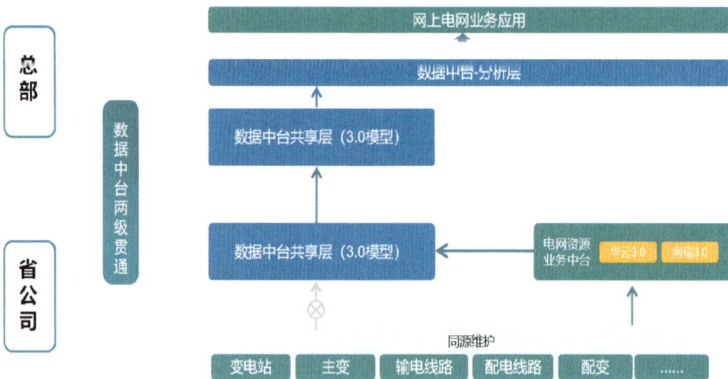

图 3　网上电网档案集成链路

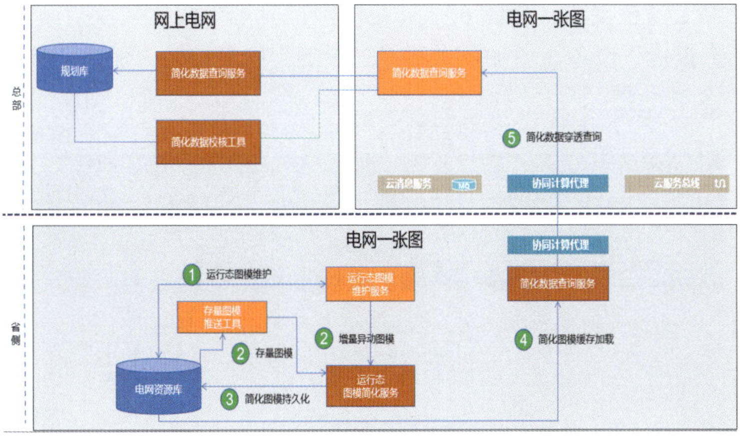

图 4　图形拓扑集成链路

（三）设备"有图无数"问题治理

以 D 市 WS 县供电公司 35kV ZT 变电站为例，使用"统计分析—新型电力系统统计—设备集成—电网设备集成"功能，发现该站在"电网资源业务中台"的档案信息一致，但设备运行状态为"未投运"（见图 5）。根据档案和图形集成链路原理，可知设备状态投运与否不影响档案集成，但根据"网上电网"平台图数一致率校验规则，"未投运"的图形与档案无法形成对应关系，导致出现"变电站未找到图形"报错信息。

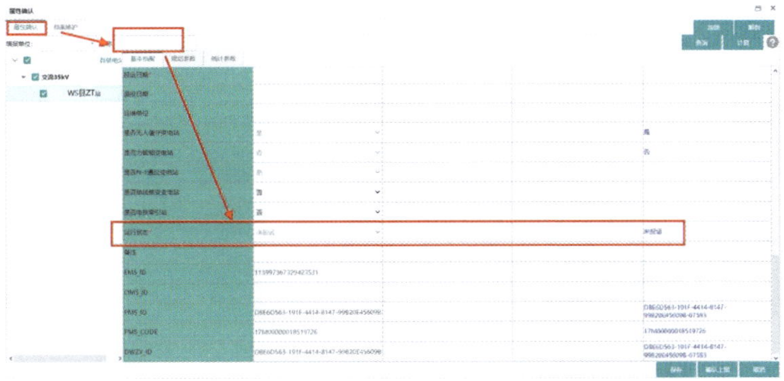

图 5　运行状态"未投运"数据档案

针对该问题，从两个方面提出解决措施。一是临时过渡措施。由 WS 县供电公司发展、运维、调控专业协同形成统一意见，将该变电站的运行状态，在电网资源业务中台修改"未投运"状态为"退役"，并将对应图形数据删除，进行异动流程，推送至网上电网，实现图形和档案在过渡状态临时不展示，确保图数一致率指标满足考核要求（见图 6）。二是图数检验规则优化建议措施。向总部反馈针对"未投运"设备，增加可关联"未投运"档案校验，保障图数实一致性。

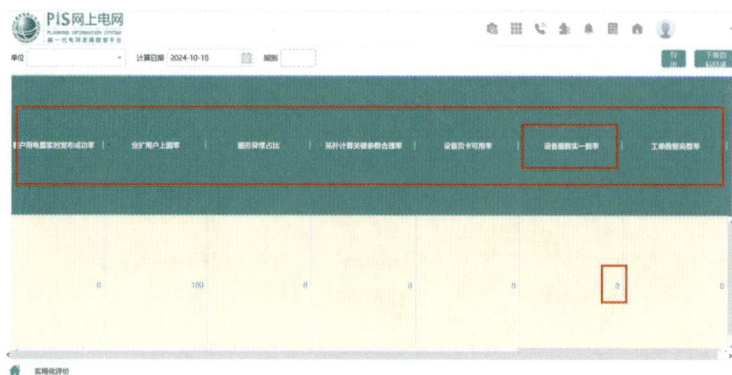

图 6　设备图数实一致率指标

（四）设备"有数无图"问题治理

以 D 市 TX 县供电公司 35kV TH 线为例（见图 7），使用"统计分析—新型电力系统统计—设备集成—电网设备集成"功能，发现该设备档案信息缺失了起始终止站、线路长度、坐标等数据，导致示意图上图失败（见图 8）。根据网上电网平台"数图一致率"校验规则，在平台对该设备档案信息维护完整后，使用"图形管理"模块，利用"线路绘制"功能，进行上图维护，解决数图不一致问题（见图 9）。

图 7　TX 公司公用输电线路一致率

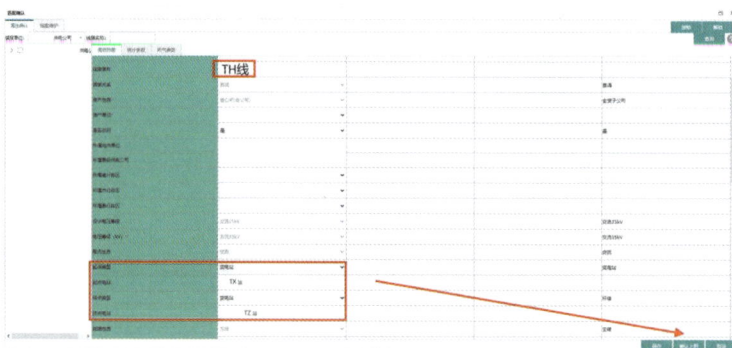

图 8　TH 线设备档案信息缺失

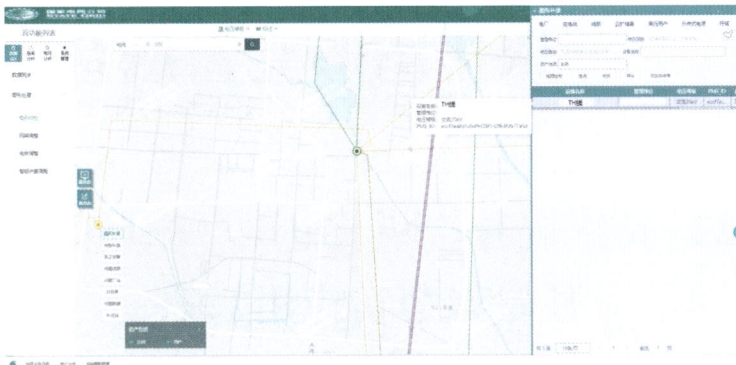

图 9 线路绘制上图

综上，2024 年，D 市公司聚焦网上电网设备图数治理工作，从有图无数、有数无图两个方面，研究制定针对性解决措施和流程，总体完成设备图数问题治理 1436 条。其中，变电站问题 3 条，输电线路问题 8 条，配电线路问题 38 条，配电变压器台区问题 1387 条。D 市公司设备图数实一致率指标从 72%提升至 100%。

🌿 三、成效总结

D 市公司依托"网上电网"平台，坚持实施图形和档案数据融合诊断治理，保障图数一体化完整准确，形成三方面成效。一是全面摸清图形拓扑和档案集成同步链路工作模式。开展市县两级培训宣贯，牢固掌握图数集成原理，深化发展、数字、设备、调度、营销等多专业协同，坚持源端治理、全链路配合协查，夯实图数治理的组织和技术基础。二是针对性研究制定图数治理工作措施。对"有图无数"问题，分析了设备档案"未投运"和"退役"两类主要原因，采取了源端删除图形、修订设备档案状态的方式加以解决。对"有数无图"，分析了设备档案信息缺失起始站点等主要原因，采用在网上电网平台维护起站点、坐标信息的方式加以解决。三是提升了图数实一致率指标。集中攻坚开展图数治理诊断治理，全市完成问题治理共计近 1500 条，设备图数实一致率指标提升至 100%，保障图数实一体化完整准确，有力支撑了电网规划、统计等发展业务在线高质量开展。

主要完成人：刘　萌　付科源　孙　菲　胡江雪　刘　慧　徐福强
　　　　　　陈　鹏　杨浩宇　杨国庆　张　挺

二、深化图形完善融合

22. 持续提升"网上电网"图形数据 质量以夯实应用基础

🌿 一、背景介绍

"全景电网一张图"是辅助规划人员全面掌握电网网架结构的重要工具，图形数据治理是支撑"全景电网一张图"完整准确的基础性工作。传统的图形数据治理工作模式，需分别在 PMS 3.0、GIS 2.0 等系统中交叉反复核对，存在难以溯源、定位不准、效率低下等痛点。

G 市公司依托"网上电网"平台，使用"实用化情况评价""数据质量"等模块，以"拓扑计算关键参数合理率"指标为抓手，在线可视化开展电网网架拓扑信息核查和问题诊断，辅助高效开展图形数据治理工作，扎实提高了"全景电网一张图"的数据质量，为线上开展电网规划研究等提供了坚实保障。

🌿 二、应用详情

1. 图形指标和问题清单排查路径

图形数据问题主要包括飞线、环路、孤岛三类❶。平台提供了三类问题指标和清单的自动化统计分析功能。其中飞线清单查询路径："首页—公共应用—系统监测—实用化评价—图形异常占比"。环路清单查询路径："首页—公共应用—系统监测—数据质量监测—图形拓扑健康度—配电线路—大馈线环路合理率"。孤岛清单查询路径："首页—公共应用—系统监测—实用化评价—拓扑计算关键参数合理率"（见图 1）。

---

❶ 飞线：输电线路长度大于 5000m 的导线段、电缆段，配电线路长度大于 2000m 的导线段、电缆段视为飞线。环路：一个出线开关定义一条大馈线，在拓扑搜索路径中有其他大馈线出线开关，则判断为大馈线环路。孤岛：无拓扑连接关系，追溯不到电源视为孤岛。

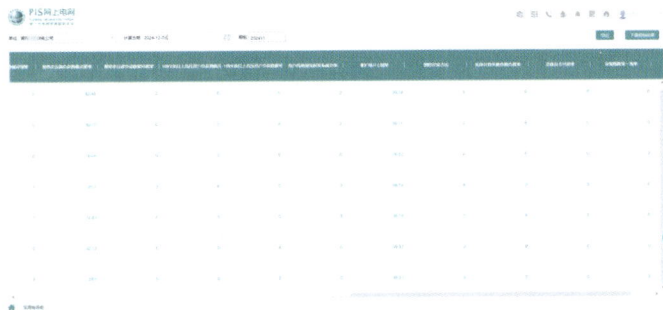

图 1　"网上电网"实用化情况评价一图形异常占比

2. 输电线路拓扑飞线治理典型案例

典型问题：在源端"电网一张图"系统中缺失部分电缆线路段拐点的坐标，由于该系统中无指标强制校核坐标信息字段，造成"网上电网"平台所对应的输电线路电缆线路段的统计长度异常，导致输电线路飞线问题。例如：在"网上电网"平台中核查ⅡHG线，发现该线路的 5 号电缆中间接头统计长度为39897.5m，造成拓扑飞线问题（见图 2）。核查源端"电网一张图"系统，发现电缆线路段拐点坐标缺失（见图 3、图 4）。

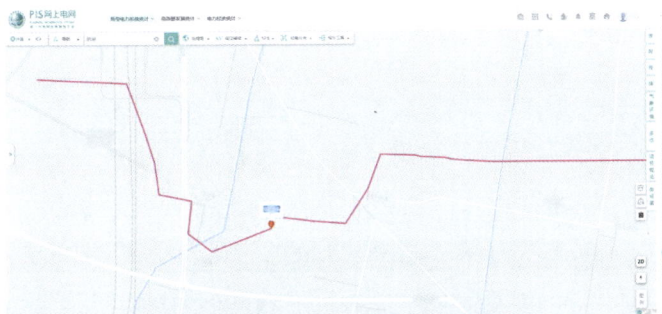

图 2　"网上电网"ⅡHG 线示意图

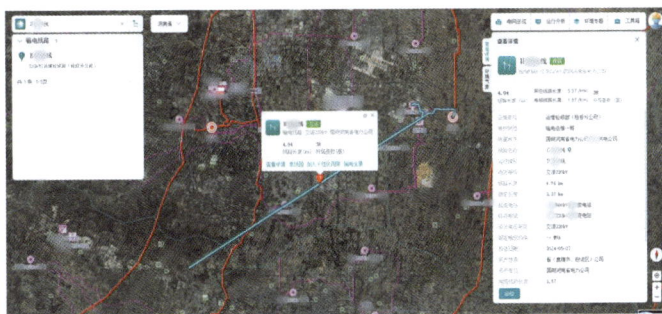

图 3　"电网一张图"ⅡHG 线连接示意图

图 4　源端台账"坐标"信息缺失

解决方法：协同运检专业人员，在源端"资源业务数据中台"中维护拐点坐标信息，通过源端系统单线图异动操作，将输电线路电缆段图形异动至 GIS 2.0 平台，最终将正确的图数信息推送到"网上电网"平台，从而解决飞线问题（见图 5）。

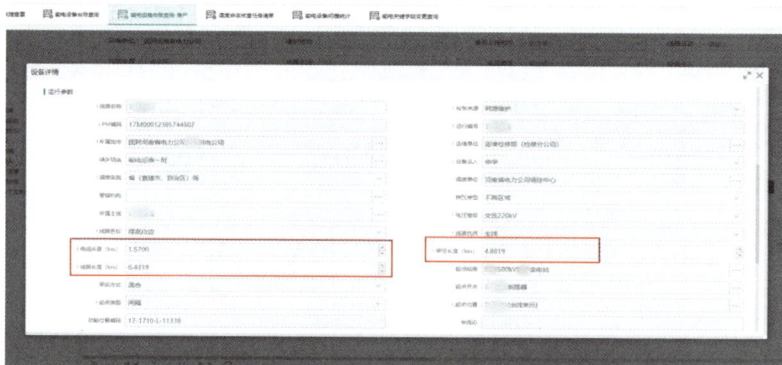

图 5　源端台账"坐标"信息维护完整

3. 配电线路环路治理典型案例

典型问题：按照平台校验规则，联络开关的正确状态应为"拉开"，非联络开关的正确状态应为"闭合"，当此两类开关状态不正确时，平台判定配电线路环路，该类问题在环路治理中占比约为 70%。例如：在平台中核查"SY—XG 联络开关"，发现该开关的状态为"闭合"，导致 10kV ×号 23XG 线与 10kV ×号 5SY 线电路连通，判定为拓扑环路（见图 6、图 7）。

解决方法：协同运检专业人员，在"资源业务数据中台"系统维护正确的开关状态后，由源端系统触发异动，最终推送"网上电网"平台，解决配电线路环路问题（见图 8）。

图 6　"网上电网"10kV X 号 23XG 线连接示意图

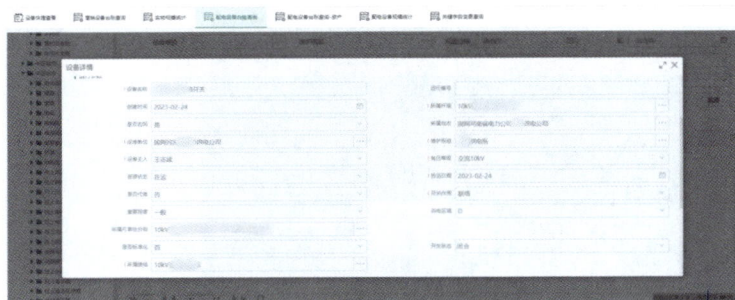

图 7　源端台账开关状态"闭合"

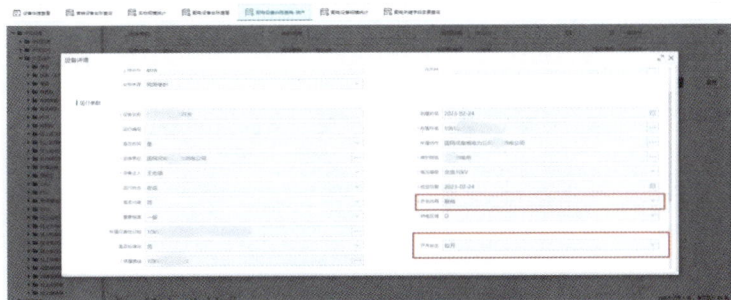

图 8　源端台账开关状态"常开"

4. 配电线路拓扑孤岛治理典型案例

典型问题：在源端"电网一张图"系统中，G 市 HD 公司 DJX—熔断器应为"闭合"状态，实际却为"打开"状态，导致配电线路设备孤立问题。例如：在"网上电网"平台中核查 10kV C16BD 街线，发现配电专用变压器 G 市 HD 公司设备追溯不到电源，造成拓扑孤岛问题（见图 9～图 11）。

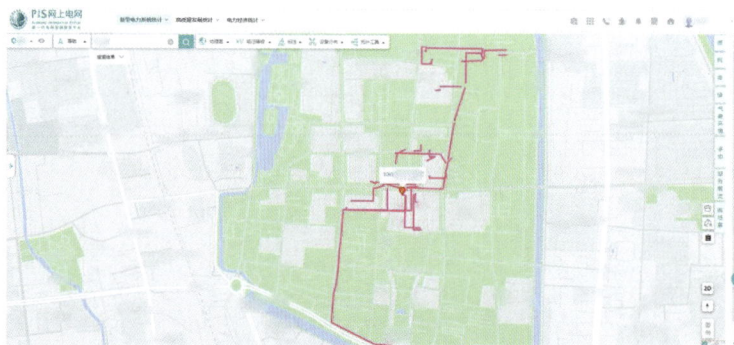

图9 "网上电网"10kV C16BD街线示意图

图10 "电网一张图"开关异常展示

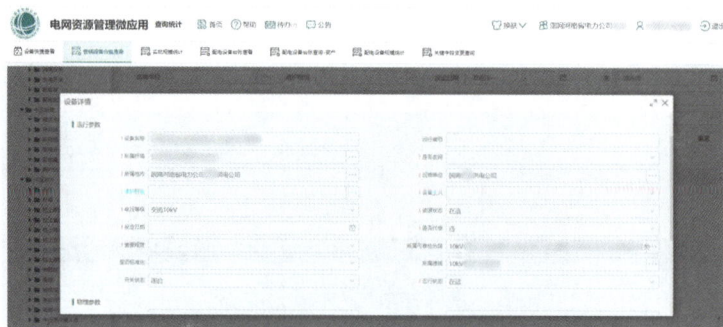

图11 源端G市HD公司DJX—熔断器台账展示

解决方法：协同运检专业人员，在"资源业务数据中台"系统中维护开关的设备状态为"闭合"后，发起异动流程，将正确的图形拓扑数据推送至网上电网后，解决孤岛问题（见图12）。

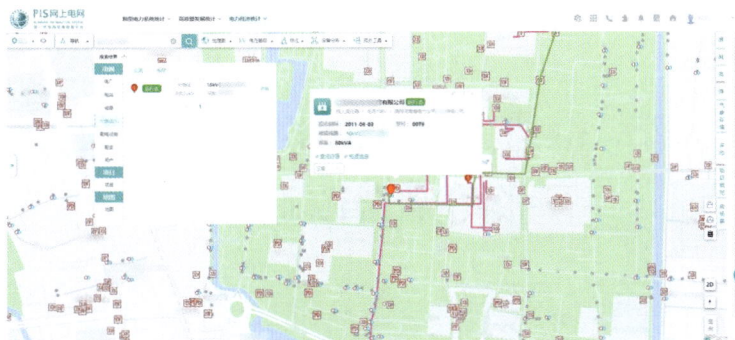

图 12 "网上电网"配电变压器 G 市 HD 公司电源追溯展示

三、成效总结

通过以上典型问题及案例的治理，G 市公司形成三方面工作成效。一是运用平台拓扑监测工具，开展"全景电网一张图"图形数据治理，快速进行问题定位，协助源端溯源治理，支撑辅助规划人员准确掌握电网网架结构。二是建立发展与运检专业图形拓扑类问题核查工作机制，以源端系统数据治理为主，加强数据主人制管理，从根源解决图形拓扑类问题。三是以"网上电网"数据指标为抓手，许昌公司集中攻坚，全力核查治理设备图形拓扑飞线、环路、孤岛等问题，实现了拓扑计算关键参数合理率提升至 98.48%，切实提升了实用化水平，为电网规划等工作开展提供坚实的图数支撑。

主要完成人：宋 珂 张 淦 韩 乐

23. 推进"网上电网"与电网一张图融合改造应用

一、背景介绍

根据国网公司印发《网上电网与电网一张图融合改造推广实施工作方案》的要求，以需求为导向、以应用促发展，加快推进网上电网与电网一张图融合改造应用。河南公司数字化部、发展部双牵头，以用促治、建用结合，组织开展网上电网与电网一张图融合场景验证、问题消缺、推广部署工作。针对电网资源业务中台回写 PMS 2.0 档案失败、GIS 2.0 图形异常问题，优化传输链路，提高数据传输效率，切实解决图数冗余问题。针对"网上电网"平台中档案字段缺失、重复数据等问题，开展档案数据完整性校验和关键性业务字段核查治理工作，确保图数信息完整。于 2024 年 11 月通过国家电网公司总部验收评估，实现核心业务同图应用，进一步高效支撑规划等发展业务线上开展，为提升"网上电网"平台实用化水平，系统性推进公司全业务、全环节数字化转型提供支撑服务。

二、应用详情

（一）优化传输链路，提高数据传输效率

为推进网上电网与电网一张图融合应用，在省侧数据中台完成南瑞、华云数模融合统一，经两级数据中台实现数据贯通，进一步优化图形、档案数据传输链路。从根本上解决 GIS 2.0 中遗留异常图形数据，以及源端回写 PMS 2.0 档案失败问题。

图形拓扑集成链路方面：10kV 及以上设备图形拓扑数据，通过省侧电网一张图传输至网上电网，图形拓扑集成链路为"省侧电网一张图—总部电网一张图—网上电网地理图"链路（见图 1）。改造后，减少了省侧 GIS 2.0 和国家电

网公司总部 GIS 2.0 图形拓扑集成链路环节，进一步优化了图形数据传输效率。

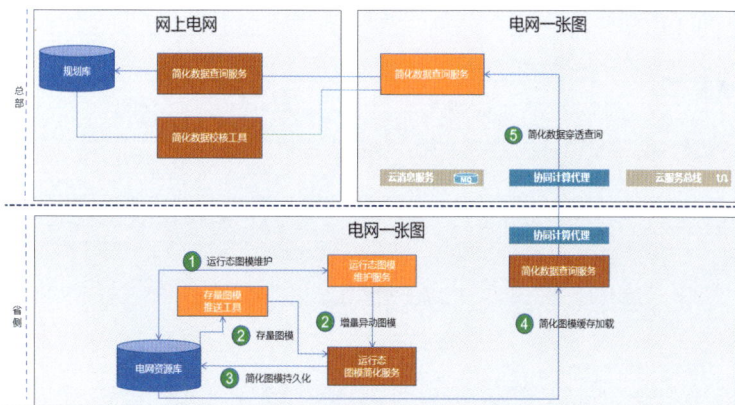

图 1 图形拓扑集成链路

档案集成链路方面：数据源为省侧电网资源业务中台，经两级数据中台实现数据贯通，直接同步至网上电网。档案集成链路为"省侧电网资源业务中台—省侧数据中台—总部数据中台—网上电网业务库"（见图 2）。改造后，减少了省侧 PMS 2.0 和网上电网中间库档案集成链路环节，解决了设备档案传输过程中源端回写 PMS 2.0 失败问题。

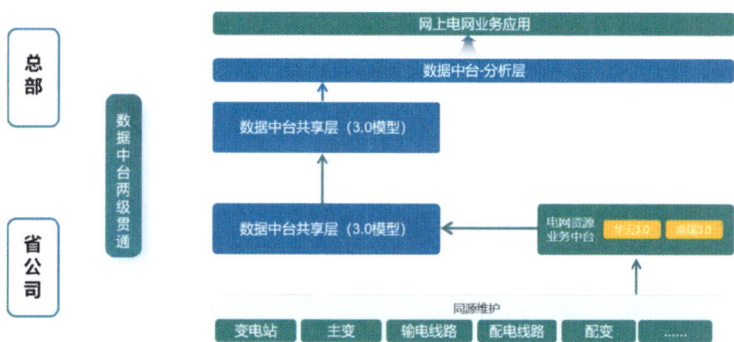

图 2 网上电网档案集成链路

（二）开展测试场景验证，保证图形数据质量

图形传输链路优化后，以网上电网正式场景档案为基准，验证电网一张图同步至网上电网测试场景图形数据，以保障正式融合切改后数据完整、准确。按照验证工作要求，对变电站、主变压器、线路、配电变压器、配电站房等全图形数据，进行了 180 余次的图形质量验证。

以输电线路和配电站房为例，根据验证步骤，完成设备图形异常问题整改和校验，达到了地理图、规划态图形均正常加载目标，满足正式融合切改条件（见图 3、图 4）。

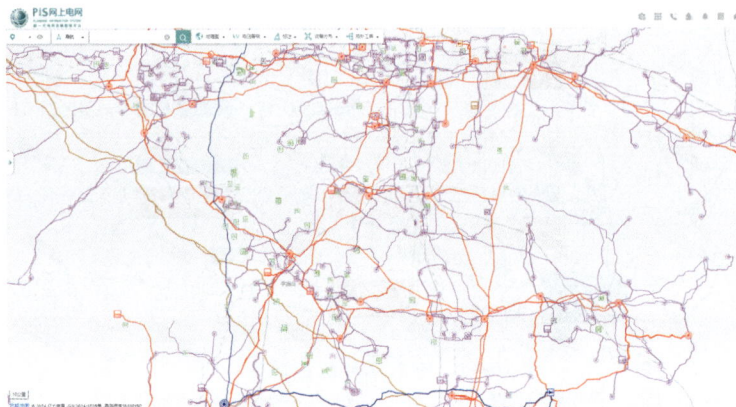

图 3　网上电网验证场景一示例地理图

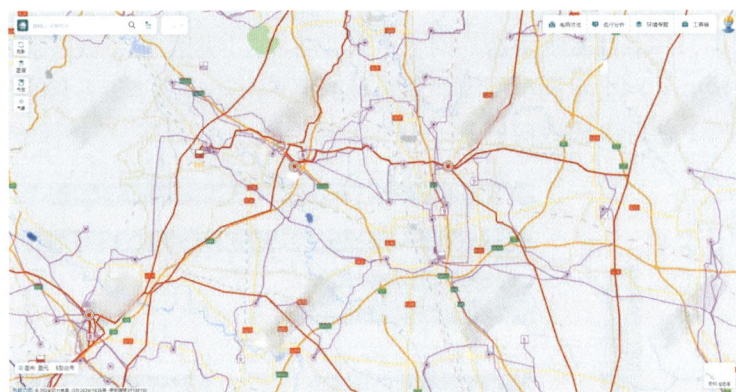

图 4　电网一张图示例图

1. 输电线路图形拓扑数据验证

在网上电网测试场景，抽查试点地市范围内任意设备。以 Ⅱ XH 线为例，在地理图上选择该输电线路，查看其"设备详情"。可以看到，图形档案信息与网上电网正式场景的档案信息一致，验证通过（见图 5、图 6）。

2. 配电站房图形拓扑数据验证

在网上电网测试场景，抽查试点地市范围内任意设备。以 GC 开闭所为例，在地理图上查看配电站房站内图，可以看到网上电网测试场景一直处于加载状态，无法查看，验证错误（见图 7、图 8）。

图 5　网上电网验证场景ⅡXH 线——图形档案

图 6　网上电网正式场景ⅡXH 线——设备档案

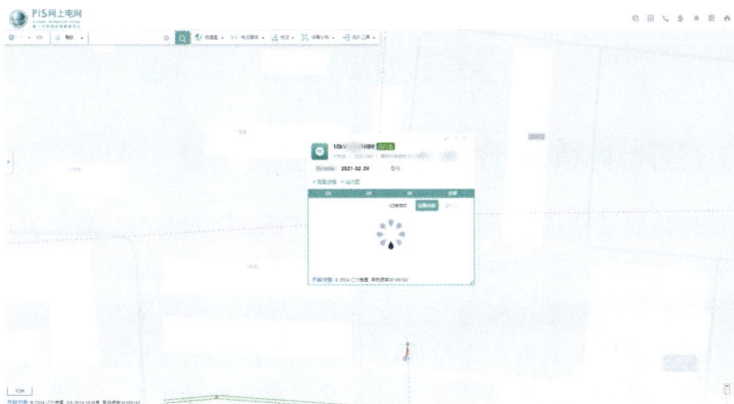

图 7　网上电网验证场景—GC 开闭所站内图

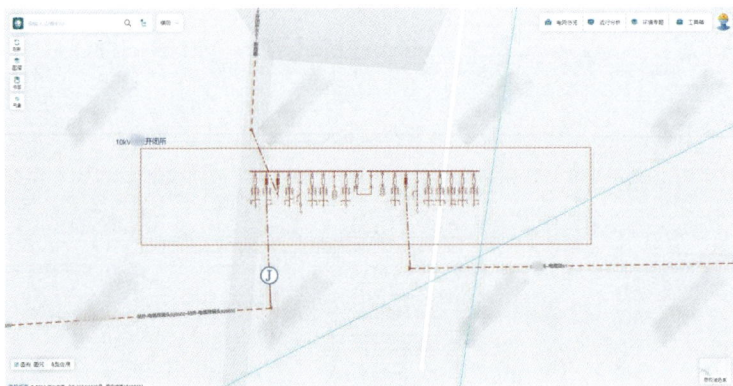

图 8　电网一张图 GC 开闭所

经向总部协调沟通，按照 T—1 同步周期，重新完成电网一张图图模推送至网上电网。再次验证，网上电网测试场景中 GC 开闭所的加载正常，与正式场景保持一致，通过验证（见图 9）。

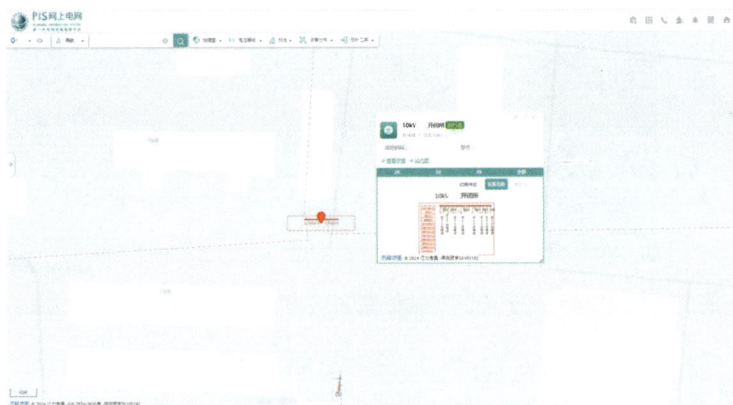

图 9　网上电网验证场景—GC 开闭所站内图

（三）开展数据核查治理，保障档案数据质量

档案数据传输链路优化后，以网上电网档案数据为基准，对数据中台、电网资源业务中台对应档案数据进行验证，以保证传输链路优化后档案数据完整准确。按照验证工作要求，对主变、变电站、导线、线路等 9 类设备 120 个字段进行核查，验证档案数据的完整性、准确性。在档案数据验证工作中，主要发现资产性质字段为空、关键业务字段为空两类问题。其中，前者涉及 5 类设备，后者涉及 8 个关键业务字段，具体情况如下。

1. 资产性质字段为空档案治理

以主变设备为例，核查出网上电网接入主变压器设备的资产性质字段为空问题（见表1）。经排查，诊断定位原因为省侧数据中台接入源端数据任务报错，资产性质字段无法由省侧数据中台传输至总部数据中台，导致网上电网设备资产性质字段为空。对此，省侧数据中台重新执行接入数据任务后，验证资产性质字段正常，完成问题治理。

表 1　　　　　　网上电网与电网一张图融合改造资产性质数据问题

表名	核查规则	核查字段名称	问题数	总数	占比（%）
主变	不能为空	资产性质	/	/	/
导线	不能为空	资产性质	/	/	/
配电变压器	不能为空	资产性质	/	/	/
配网开关类设备	不能为空	资产性质	/	/	/
配网电站	不能为空	资产性质	/	/	/

2. 关键业务字段为空档案治理

以变电站、主变压器、输电线路为例，核查出网上电网8个业务字段数据为空。经排查，诊断定位原因分为两类：一是省侧资源业务中台对应字段为源端"非必填字段"。二是省侧资源业务中台存在虚拟电源点、杆塔、用户站等类型，但网上电网不存在以上设备类型，无法进行此类设备起点、终点信息维护，最终导致档案数据为空（见表2）。针对第一类问题，发展专业与数字化专业协同，将此类业务字段定义为"必填字段"，并纳入数据质量稽核监控平台，按月督促源端开展治理工作。针对第二类问题，由数据质量稽核监控平台重新校验规则，对起点、终止电站标识与其设备 ID 数据补充完整。同时，沟通反馈总部网上电网，建议针对虚拟电源点、杆塔、用户站等连接点进行完善。

表 2　　　　　　网上电网与电网一张图融合改造关键业务字段数据问题

表名	核查规则	核查字段名称	问题数	总数	占比（%）	问题原因分析
主变	不能为空	额定容量（低压）	3912	6611	59.17	非必填字段
主变	不能为空	用途	1836	6611	27.77	非必填字段
变电站	不能为空	变电站用途	812	3372	24.08	非必填字段
线路	不能为空	最大允许电流	5409	7643	70.77	非必填字段
线路	不能为空	终点开关标识	1394	7643	18.24	终止为虚拟电源点、杆塔、用户站等原因导致，属正常业务

续表

表名	核查规则	核查字段名称	问题数	总数	占比（%）	问题原因分析
线路	不能为空	终点电站 ID	1286	7643	16.83	终止为虚拟电源点、杆塔、用户站等原因导致，属正常业务
线路	不能为空	起点开关标识	791	7643	10.35	起始为虚拟电源点、杆塔、用户站等原因导致，属正常业务
线路	不能为空	起点电站 ID	784	7643	10.26	起始为虚拟电源点、杆塔、用户站等原因导致，属正常业务

三、成效总结

通过本案例，推进了网上电网与电网一张图融合改造应用，主要形成四个方面成效。一是完成图形档案传输链路优化。减少了省侧 GIS 2.0 和总部 GIS 2.0 图形拓扑集成链路环节，进一步优化了图形数据传输效率。减少了省侧 PMS 2.0 和网上电网中间库档案集成链路环节，解决了设备档案传输过程中源端回写 PMS 2.0 失败问题。二是以测试场景验证提升图形数据质量。对变电站、主变压器、线路、配电变压器、配电站房等全图形数据，进行了 180 余次的图形质量验证。完成设备图形异常问题整改和校验，实现了电网图形正常加载，满足正式融合切改条件。三是以数据核查治理保障档案数据质量。建立应用端、中台端、源端全链路的数据核查机制，对主变压器、变电站、导线、线路等 9 类设备 120 个字段进行核查，主要解决 5 类设备资产性质字段为空、8 个关键业务字段为空两类问题，保障了档案数据完整准确。四是夯实规划业务在线开展图数基础。在融合改造过程中，治理拓扑环路 2686 条、拓扑孤立 3245 条、拓扑飞线 691 条、图数不一致 11 万余条，更好地辅助规划项目上图等业务开展，切实提升"网上电网"平台实用化水平。

主要完成人： 邢子涯　王昱清　孟昭泰　王子腾　冯玉琪　张述鑫

三、加强数据问题治理

24. 应用 RPA 人工智能技术提升"网上电网"运行数据治理成效

🌿 一、背景介绍

省公司数据中台从源端调控云、营销用采系统等采集电网设备运行数据，经贯通集成后传送至"网上电网"平台，辅助发展专业人员开展运行曲线分析、负荷特性研究等规划基础性工作。截至目前，网上电网平台已汇聚了从 2018～2024 年的电网设备运行数据，总量达到了 120.2 TB。但是，由于采集设备故障、通信链路中断、数据同步异常等客观常态化原因，造成数据随机性、不定期、无规律缺失，需要动态开展数据监测补录工作。现该工作采取人工方式，在省公司数据中台批量重采、补录、上传缺失数据，工作量大、重复且烦琐。

针对该问题，河南公司依托省公司华为数据中台，创新应用 RPA 人工智能技术，设计 RPA 智能化流程处理工具，实现了"网上电网"平台电网设备运行数据的智能化、高效率补录，有效减少人工重复劳动，扎实稳步提高了电网设备运行数据的完整性、可用性，对提升平台实用化水平、支撑规划工作高效开展发挥着重要作用。

🌿 二、应用详情

1. 运行数据监测

省侧数据中台、网上电网平台均常态化在线监测运行数据。其一，从省侧数据中台来看，每日监测 18 家市公司运行数据完整率和链路告警平台，发现缺失、跳变等异常情况，主动定位原因，并开展核查治理工作。以 2024 年 2 月省侧数据中台主变压器运行数据日完整率监测报表为例，可以看到该月每日均存在缺失，不满足完整率 98%考核要求（如图 1 红色部分所示）。其二，从网上电网平台来看。一方面，利用平台的"运行数据完整率"指标，批量核查定位共性问题，形成设备级、时间段的问题清单，反馈省公司数据中台，开展批量补数处理。另一方面，专业人员使用"运行曲线"功能，将运行曲线缺失的点状情况，及时反馈汇总后，反馈省侧数据中台，开展单个设备数据补录。以 110kV C 市.TK 变电站为例，查看运行曲线，发现曲线 6 月 5～7 日存在断点（见图 2）。

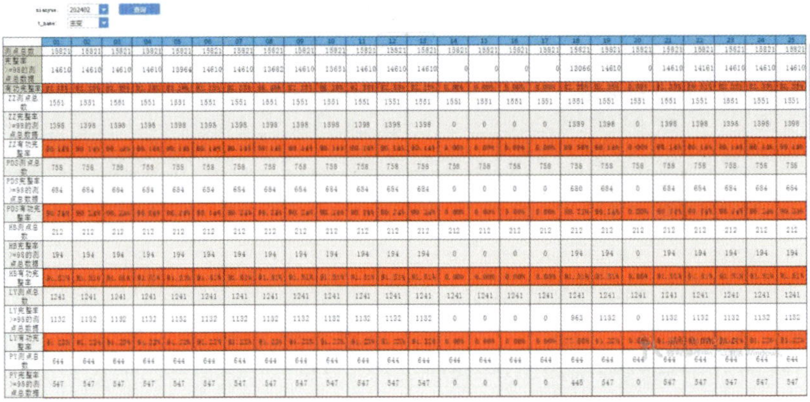

图 1　补录前主变压器 2024 年 2 月"网上电网"运行数据日完整率

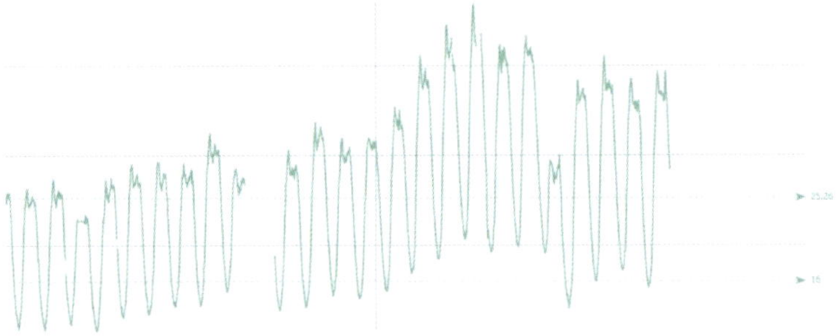

图 2　补录前"网上电网"C 市.TK 变电站运行曲线

2. 定位缺失原因及传统人工补录方式

针对 2024 年 2 月省侧数据中台主变运行数据每日缺失以及 C 市.TK 变电站 6 月 5～7 日运行数据断点问题，省侧数据中台协同网上电网平台开展运行数据缺失原因定位。经核查，首先，对比发现总部数据中台与省侧数据中台数据量一致；其后，对比发现省侧数据中台与调控云数据量一致；最后，核查发现源端调控云存在数据缺失，导致运行曲线完整率不足。

根据以往人工补录经验，分析该过程需要实施登录、搜索、配置脚本、执行程序等重复人工操作，耗时费力，工作效率低。

3. RPA 人工智能补录

第一类，针对省侧数据中台每日监测运行数据完整率发现缺失异常情况，通过 RPA 设计器配置相关运行数据补录流程完成补录。

以 2024 年 2 月省侧数据中台主变压器运行数据日完整率监测报表为例，首先将缺失清单反馈至调控云，待调控云补录数据之后，进入 RPA 设计器进行相关流程配置。

第一步，模拟登录数据中台（DAYU 平台），输入相关用户信息，并配置程序，自动进行"登录异常"的判断和处理（见图 3）。

图 3　模拟登录流程

第二步，登录平台之后，模拟选择数据开发板块，并进行补录数据作业搜索（见图 4）。

图 4　模拟数据开发搜索作业流程

第三步，模拟输入缺失日期参数：起始日期设置为 20240201，结束日期设置为 2040229。点击运行作业进行数据补录，并配置程序，自动进行"补录异常"的判断和处理（见图 5）。

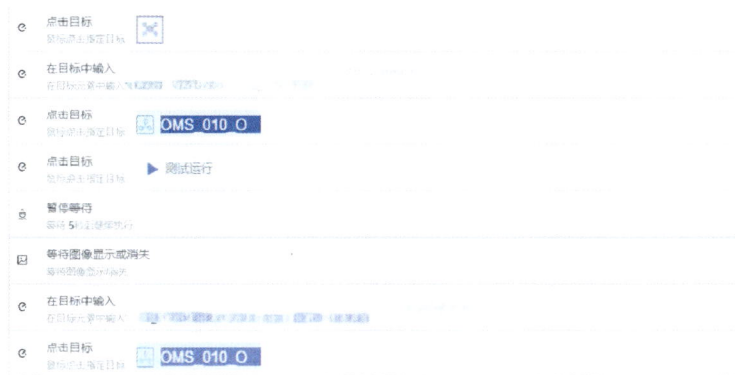

图 5　测试运行流程

175

第二类，针对网上电网平台"运行数据完整率"指标发现的设备级、时间段的问题清单，通过 RPA 设计器配置相关运行数据补录流程完成补录。

以 110kV C 市.TK 变电站为例，将 6 月 5～7 日运行数据缺失的情况，反馈省侧数据中台，进入 RPA 设计器进行相关流程配置。

第一步，模拟打开谷歌浏览器，登录数据中台（DAYU 平台），输入相关用户信息，配置程序，自动判断"登录异常"处理（见图 6～图 8）。

图 6　调用 google 浏览器接口流程

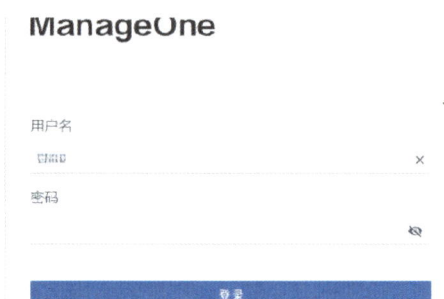

图 7　模拟登录 DAYU

图 8　登录异常处理

第二步，配置并调用解析"调控云"反馈 C 市.TK 变电站完整的运行数据文档 Python 脚本（见图 9）。

图 9　调用 Python 脚本

第三步，通过 Python 获取对应日期：起始日期设置为 20240605，结束日期设置为 20240607，补数 SQL 脚本（见图 10）。

图 10　获取补数 SQL

第四步，点击运行作业进行数据补录，并配置程序，自动进行"补录异常"的判断和处理（见图 11）。

图 11　模拟测试"网上电网"补数

4．"网上电网"运行数据指标提升

通过 RPA 智能化数据补录后，查看 2024 年 2 月省侧数据中台主变压器运行数据日完整率监测报表，主变压器运行数据完整率指标已满足 98%考核要求（见图 12）。

图 12　补录后主变压器 2024 年 2 月"网上电网"运行数据日完整率

通过 RPA 智能化数据补录后，查看"网上电网"平台 110kV C 市.TK 变电站运行曲线，可以看到 6 月 5～7 日运行数据完整、曲线连贯（见图 13）。

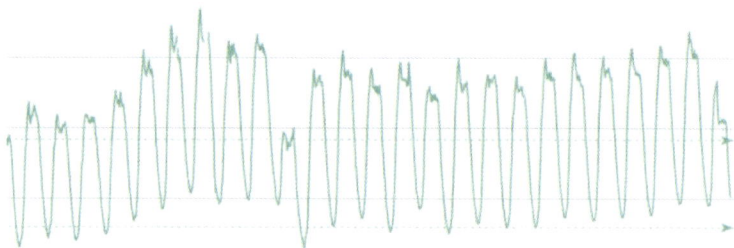

图 13　补录后"网上电网"C 市.TK 变电站运行曲线

综上，查看"网上电网"平台实用化评价指标，可以看到采取 RPA 人工智能方式开展电网设备数据补录后，7 月份变电设备负荷数据完整率由 93% 提升至 96.83%（见图 14）。

三、成效分析

针对设备运行数据缺失所带来的补录数据量大、高频重复性操作以及机械化流程等问题，通过 RPA 设计器开发实现"调控云—数据中台—网上电网"全链路运行数据缺失自动补录工作，不仅显著提升了工作效率，还大幅降低了人工补录易错的几率。一是量测完整率提升。运用 RPA 人工智能补录方式，变电设备负荷数据完整率由 93% 提升至 96.83%。二是量测补数效率翻倍。运用 RPA

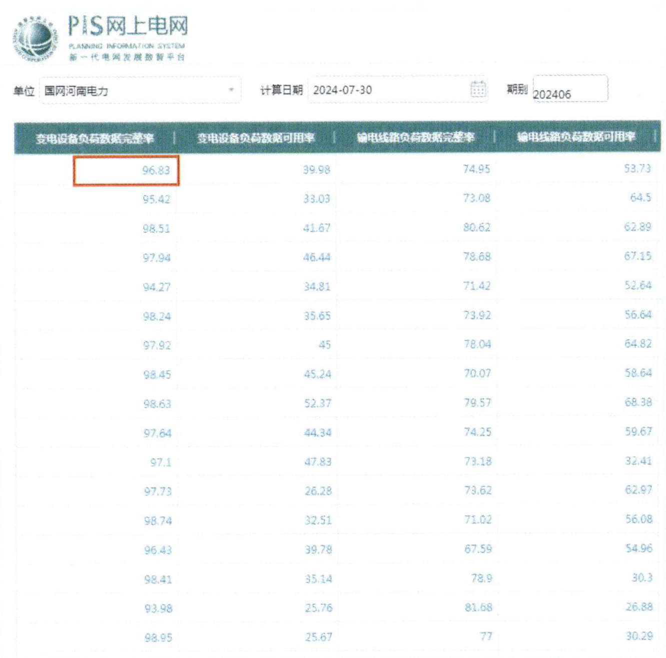

变电设备负荷数据完整率	变电设备负荷数据可用率	输电线路负荷数据完整率	输电线路负荷数据可用率
96.83	39.98	74.95	53.73
95.42	33.03	73.08	64.5
98.51	41.67	80.62	62.89
97.94	46.44	78.68	67.15
94.27	34.81	71.42	52.64
98.24	35.65	73.92	56.64
97.92	45	78.04	64.82
98.45	45.24	70.07	58.64
98.63	52.37	79.57	68.38
97.64	44.34	74.25	59.67
97.1	47.83	73.18	32.41
97.73	26.28	73.62	62.97
98.74	32.51	71.02	56.08
96.43	39.78	67.59	54.96
98.41	35.14	78.9	30.3
93.98	25.76	81.68	26.88
98.95	25.67	77	30.29

图 14　数据补录后实用化情况评价指标

机器人每次补录仅需 120s，相比人工操作 600s，效率提升 5 倍。三是有效推进智能化应用。通过“网上电网”+RPA 人工智能的融合应用，创新实践了电网运行数据智能化流程补录，为推动人工智能在提升平台实用化水平、支撑规划工作高效开展等方面的应用打造了示范样本。

主要完成人：孟昭泰　王军义　赵　东　张　楠

25."网上电网"基础数据质量监督分析评价

一、背景介绍

基础数据质量是"网上电网"平台实用化水平提升的基石，其完整性、准确性、可用性是支撑电网发展业务在线高质量开展的关键。按照国家电网公司2024年网上电网工作方案部署，河南公司以实用化指标评价体系为抓手，在全省坚持开展基础数据质量监督分析评价工作。按照"以用促治、以用促建"原则，聚焦电源全过程统计、能源电力消费与供需分析、接网承载力评估和图上诊断规划四个方面，紧密结合业务工作与一线生产实际急迫需求，逐月研究分析实用化指标整体情况和短板，制定数据治理分类举措，督导省市县三级统筹推进基础数据质量提升工作。以此为推动力，持续深化网上电网规模化应用，更好地支撑发展业务数字化转型。

二、应用详情

（一）基础数据质量在线智能化监测、分析与评价

"网上电网"平台遵循 IEC 61970/61968 标准，采用公司企业级统一数据模型（SG—CIM4.5），基于公司中台底座，打通了发展、营销、设备、建设、物资、调度等专业 27 套信息系统。通过多源异构技术建模重组，汇聚发输变配用各环节数据，推进"营—配—调—规""投—建—运—调"等信息关联，建成贯通源网荷储全链条、图数测全息数字孪生电网，合计沉淀数据资产约20000GB。全面融汇企业数据基础资源，深度支撑网上管理、图上作业、线上服务。

2024 年，为扎实促进"网上电网"平台基础数据质量实用化提升，国网公司确立了"电源全过程、电网全时态、用户全环节"为业务主线，以发输变配用全链条能量流为数据重点，建立了实用化指标评价体系。该体系共设置 26 项基础指标，分为四大类：电源全过程统计指标（4 项）、能源电力消费与供需

分析指标（6 项）、接网承载力评估指标（9 项）、图上诊断规划指标（7 项）。同步在平台建立了"实用化评价"看板，统筹实现对基础数据指标在线智能化监测、分析和评价。

使用"公共—实用化评价"功能，可查看 2024 年基础数据指标情况。基于该功能，动态开展全省基础数据指标整体情况监测分析。

使用"公共—实用化评价—下级指标结果"模块，监测分析 18 个市公司基础数据指标情况，诊断定位问题设备，汇总形成治理工作清单，组织开展数据治理任务（见图 1）。

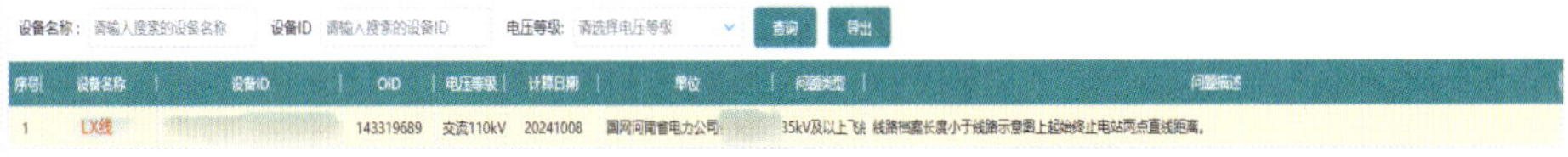

图 1　通过"下级指标结果"所找出问题清单

（二）以指标为抓手，研究制定指标提升举措

基于对实用化指标动态监测分析，研究形成基础数据质量周、月分析评价报告。立足国网河南电力业务工作与一线生产实际情况，根据基础数据治理难易程度，将实用化指标研究分解为简单、中等、困难三类（见图 2），为基础数据治理和质量提升分类举措制定奠定基础。具体情况如下。

第一类，数据治理和质量提升难度简单型。电源规划项目统计数据完整率、电源上图率、业扩用户上图率等 6 项指标分数均较高，综合分数在 96 分左右，且在国家电网系统指标排名靠前，综合排名在全国前 7 名左右。

第二类，数据治理和质量提升难度中等型。在运电源发电量自动采集率、在运电源发电量数据可用率、高压用户负荷数据完整率等 11 项指标的综合分数较高，综合分数在 88 分左右。但是部分市公司指标较低，制约综合分数的进一步提升。

第三类，数据治理和质量提升难度困难型。电源规划项目投产准确率、在运电源出力数据完整率、变电设备负荷数据可用率等 7 项指标分数较低，综合分数在 69 分左右，制约因素众多。例如存在受限于外部条件的情况，一是对于在电源规划项目的投产准确率指标，受限于营销专业所提供的分布式预测及其实际投产信息的及时性、完整性、准确性；二是对于在运电源出力数据完整率指标，受限于总部统一生成的分布式电源场站测点信息的及时性、完整性、准确性；三是对于变电设备负荷数据可用率指标，按照计算规则该项指标 50%的权重取自于 2023 年同期线损电量数据，此数据已冻结，可用率治理提升受限。

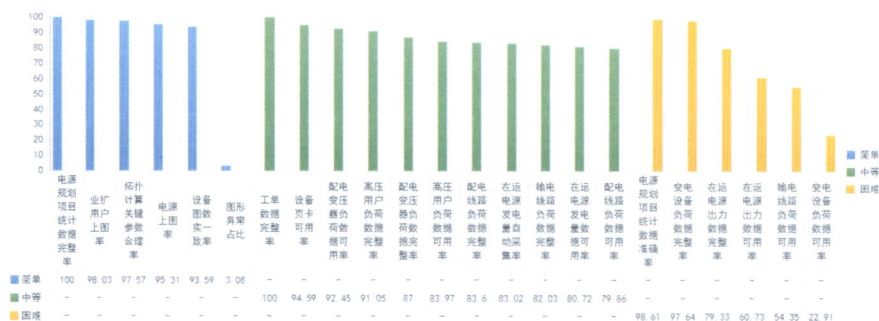

	电源规划项目统计数据完整率	业扩用户上图率	拓扑计算关键参数合理率	电源上图率	设备图数实一致率	图形异常占比	工单数据完整率	设备页卡可用率	配电变压器负荷数据完整率	高压用户负荷数据完整率	高压用户负荷数据可用率	配电变压器负荷数据可用率	在运电源发电量自动采	辅电线路负荷数据完整率	在运电源发电量可用率	配电线路负荷数据可用率	电源规划项目统计数据准确率	变电设备负荷数据完整率	在运电源出力数据完整率	在运电源出力数据可用率	辅电线路负荷数据可用率	变电设备负荷数据可用率
简单	100	98.03	97.57	95.31	93.59	3.08																
中等							100	94.59	92.45	91.05	87	83.97	83.6	83.02	82.03	80.72	79.86					
困难																		98.61	97.64	79.33	60.73	54.35	22.91

图 2　各项指标治理提升按难度分类情况（数据基于 2024 年 6 月底）

（注：图形异常占比为减分项）

（三）按照"分类施策"方法，动态开展数据治理工作

1. 重点推进简单型指标数据治理工作

7 月份，以简单型指标治理为工作重点，共涉及 6 项指标（电源全过程统计指标 1 项、图上诊断规划指标 5 项）。围绕该类指标开展分析诊断、处理指导等工作，全省共反馈 30 项问题。其中，快速解决市公司账号权限受限问题等 4 项，保障 500kV 变电站所涉及间隔数据线路维护工作完成，提升了拓扑计算关键参数合理率。

总体来看，6 项指标中有 3 项得到了提升，1 项保持满分，2 项基本保持稳定。具体来说，电源上图率提升了 4.71%，业扩用户上图率提升了 1.68%，而图形异常占比（该指标为减分项）从 6 月份的 3.08% 下降至 0.23%（见图 3）。

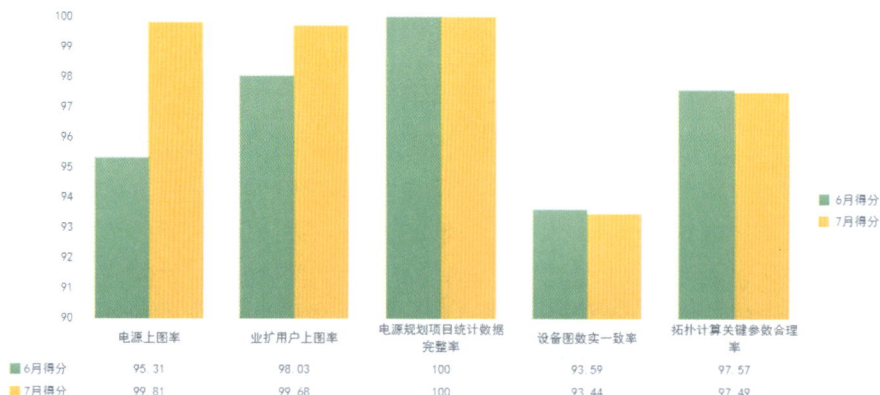

	电源上图率	业扩用户上图率	电源规划项目统计数据完整率	设备图数实一致率	拓扑计算关键参数合理
6月得分	95.31	98.03	100	93.59	97.57
7月得分	99.81	99.68	100	93.44	97.49

图 3　2024 年 6、7 月"简单"指标对比情况

2. 持续推进中等型指标数据治理工作

8月份，以中等型指标治理为工作重点，共涉及 11 项指标（涉及能源电力消费与供需分析指标 4 项、接网承载力评估指标 6 项、图上诊断规划指标 1 项）。围绕该类指标开展分析诊断、处理指导等工作，各市共反馈 53 项问题。其中，快速解决市公司输电线路无关联测点信息等问题 9 项（如：部分线路为 T 接线，无末端量测数据；用户站和牵引站并网线路较多，且在调度系统中设置为负荷，无法关联生成测点），保障测点信息维护工作完成，提升了输电线路负荷数据完整率。

总体来看，11 项指标中有 7 项得到了显著提升。具体来说，在运电源发电量数据可用率提升了 18.09%，在运电源发电量自动采集率提升了 10.96%，配电线路负荷数据可用率提升了 6.41%，高压用户负荷数据可用率、设备页卡可用率、输电线路负荷数据完整率、高压用户负荷数据完整率均有提升（见图 4）。

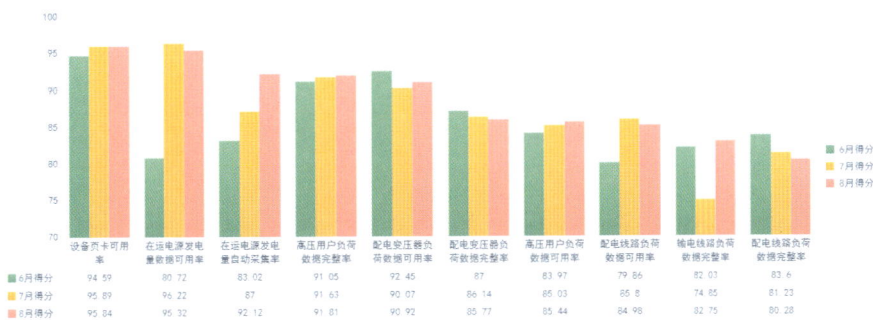

	设备页卡可用率	在运电源发电量数据可用率	在运电源发电量自动采集率	高压用户负荷数据完整率	配电安压器负荷数据可用率	配电安压器负荷数据完整率	高压用户负荷数据可用率	配电线路负荷数据可用率	输电线路负荷数据完整率	配电线路负荷数据完整率
6月得分	94.59	80.72	83.02	91.05	92.45	86.72	83.97	79.86	82.01	83.6
7月得分	95.89	96.22	87	91.63	90.07	86.14	85.03	85.8	74.85	81.23
8月得分	95.84	95.32	92.12	91.81	90.92	85.77	85.44	84.98	82.75	80.28

图 4　2024 年 6、7、8 月中等指标对比情况

同时，随着 7、8 两个月数据治理工作的推进，收集汇总各市公司在治理过程中遇到的问题，进行归类研究分析，形成解决措施建议。组织召开全省数据治理工作交流会议，对关键环节和工作方法进一步宣贯培训，对主要共性问题开展指导答疑，为基础数据质量提升工作纵深推进提供了技术保障。截至 8月底，对各市公司反馈的 96 项问题提出对应处理建议，省市联动解决突出问题 41 项，四大类实用化指标均保持稳定或得到显著提升，其中，图上诊断规划类指标综合得分提升至 97% 左右。

3. 研究制订困难型指标提升指导手册

9月至 10 月，以困难型指标治理为工作重点。通过对比分析前期指标数据，对困难型指标中持续下降的情况，锁定问题尤为突出的单位，组建省市联合协同工作专班，共同研究探讨问题根源，制定"一单位一策"的解决措施，编制指标提升指导手册，统筹推进数据治理工作。

例如，针对在运电源出力数据完整率指标，组织 W 市、U 市、Q 市、H 市四家单位开展集中攻坚。首先，经对比研究分析将问题诊断定位为三类：一是电源无测点；二是有测点无运行数据；三是运行数据缺失。其后，针对电源无测点问题，指导市公司报备设备无测点的客观原因，申请纳入白名单；针对有测点无运行数据问题，指导市公司核实测点是否正确配置，若发现错误，第一时间反馈正确测点，重新完成测点匹配，恢复运行数据正常采集；针对电源有测点但运行数据缺失问题，指导市公司反馈数据缺失时段，组织省侧数据中台进行完成数据补录。

🌿 三、成效总结

依托"网上电网"平台，应用"实用化评价"功能，统筹开展实用化指标监测，支撑基础数据质量监督分析评价，切实提升全省基础数据的完整性、准确性和可用性。一是应用实践了实用化指标在线智能化监测分析。聚焦电源全过程统计、能源电力消费与供需分析、接网承载力评估、图上诊断规划等四类基础数据，充分运用在线智能化指标监测工具，大幅减少了工作烦琐程度，提升了工作效率。二是创新研究形成指标分类施策治理工作模式。基于对实用化指标动态监测分析，立足工作实际，形成简单、中等、困难三类指标提升措施，科学有序推动基础数据治理和质量提升工作。三是以基础数据质量提升推动实用化水平整体提升。收集归类反馈问题 96 项，指导解决重点问题 41 项，开展重点指标数据治理 17 项。编制数据治理技术指导手册 2 套，组织培训及技术交流 300 多人次。编制完成基础数据质量监督分析月报成果 8 项，促进 10 项指标显著提升。保障了实用化指标排名居国网系统前列，其中接网承载力评估得分提升了 8.66%，能源电力消费与供需分析得分提升了 7.66%，图上诊断规划得分提升了 5.26%，有力支撑了电网规划、统计等发展业务在线高质量开展。

主要完成人：杨斯怡　木少阳

四、助推指标优化提高

26. 基于鱼骨图分析法开展"网上电网"负载率数据可用性提升

🍃 一、背景介绍

设备负载率是支撑电网规划工作的重要指标之一。"网上电网"平台主网负载率指标看板,以及与指标数据治理相关的设备档案、测点匹配、运行数据、计算逻辑等功能模块独立分散、未能统筹集成。功能的易用性和用户体验性不高,加之基层人员实用化水平参差不齐,对负载率指标问题治理工作造成了逻辑不清晰、排查校核复杂、诊断定位困难等不利局面,极大降低了主网负载率指标可用率治理提升效率。

针对上述情况,河南公司研究形成鱼骨图分析法,将平台负载率指标看板,以及与指标数据治理相关的设备档案、测点匹配、运行数据、计算逻辑等功能模块,按照发现问题根本原因的逻辑,统筹梳理形成负载率可用率提升的数据分析治理工作框架,为基层人员开展具体工作提供了指引,有力支撑了指标提升工作,同时也为总部平台功能完善贡献河南智慧。

🍃 二、应用详情

(一)主网设备负载率数据治理流程

"网上电网"平台 35kV 及以上主网设备负载率指标计算工作,主要包括设备档案、运行数据、测点匹配、计算逻辑等四个部分。对于主网设备负载率指标问题,从上述四个部分开展档案信息排查、运行数据缺失分析、测点匹配错误校正、计算逻辑严谨性核查等工作,如图 1 所示。

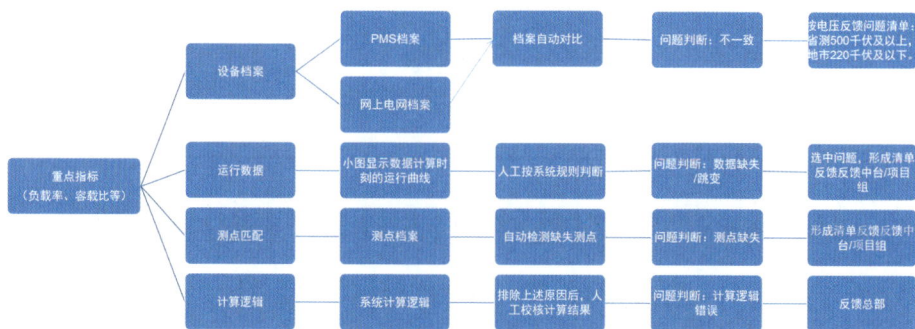

图 1　设备负载率指标计算工作流程示意图

（二）主网设备负载率问题分析牵引鱼骨图

梳理主网设备档案、运行数据、测点匹配、计算逻辑等四个方面的主要问题，按照发现问题根本原因的逻辑，制定对应解决措施，统筹形成负载率可用率提升问题分析牵引鱼骨图，并以此为指导基层开展数据治理工作框架，如图 2 所示。

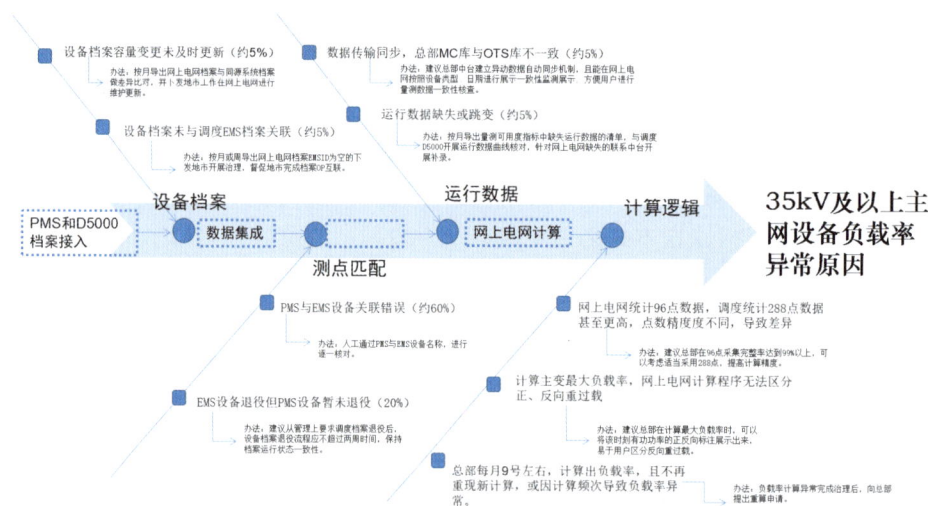

图 2　设备负载率数据治理问题分析牵引鱼骨图

（三）典型问题及案例

1. 设备档案方面

设备档案未与调度 EMS 档案关联、设备档案容量变更未及时更新等问题，导致负载率无法计算或与实际情况不符。例如：E.YC 站未与调度 EMS 档案关联，无法查看负载率数据，如图 3 和图 4 所示。

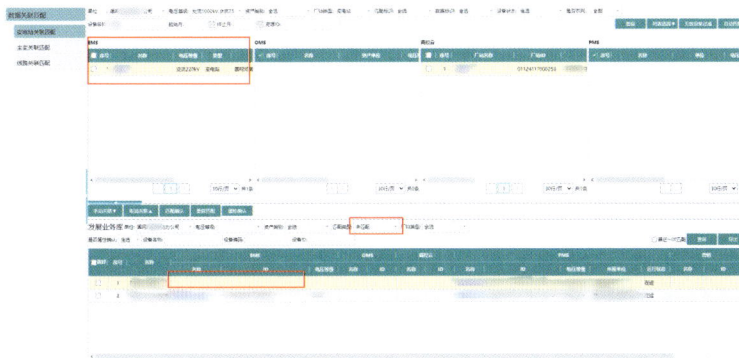

图 3　E.YC 站多源匹配页面未与调度 EMS 档案关联

图 4　E.YC 站无负载率数据

整体解决方式：一是建立问题清单按月发布治理机制，按月比对导出网上电网档案与同源系统档案主变容量差异清单，以及网上电网档案 EMS_ID 字段为空的问题清单，发布市公司开展维护更新。二是加强增量数据接入关联规范宣贯培训，提高业务人员数据管理水平。三是推动网上电网平台功能升级，完善档案未匹配、容量不一致等提醒功能。

针对上文中 E.YC 站未与调度 EMS 档案关联问题，协同发展专业人员通过"多源匹配"功能，进行设备档案关联生成后，将更新后的档案数据推送至"网上电网"，经重新计算后生成负载率数据。

2. 测点匹配方面

设备 PMS 与调度 EMS 系统之间设备关联错误，以及 EMS、PMS 设备退役但网上电网平台设备暂未退役等问题，导致负载率计算结果与实际情况不符。例如：U.LY 县.MP 站/M1 号主变压器，源端 PMS 已退役，且运行数据在

2024 年 4 月底后为 0，如图 5 和图 6 所示。

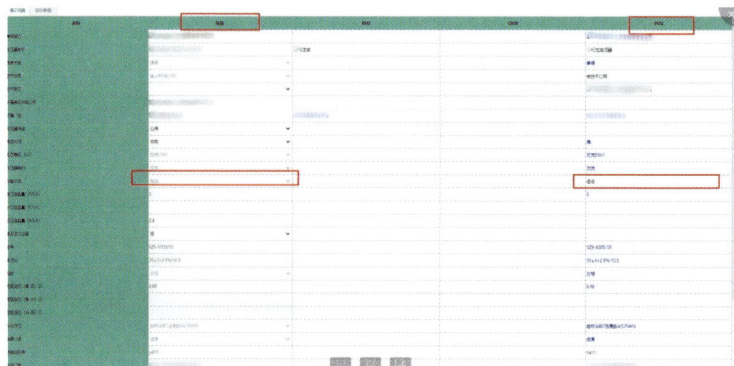

图 5　U.LY 县.MP 站/M1 号主变压器运行状态与实际不符

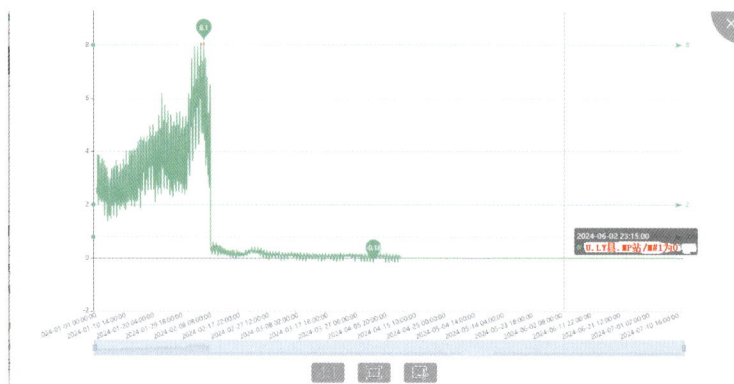

图 6　U.LY 县.MP 站/M 1 号主变压器运行数据为 0

整体解决方式：一是市公司业务人员通过 PMS 与 EMS 设备名称，人工进行逐一核对，确保无关联错误。二是从管理上要求调度 EMS 设备档案退役后，PMS 设备档案退役流程应不超过两周时间，保持档案运行状态一致性。

针对上文中 U.LY 县.MP 站/M 1 号主变压器，PMS 与调度 EMS 档案状态不一致问题，协同发展专业人员通过多源匹配功能，更新档案状态，维护档案退役日期，该设备不参与负载率计算。

3. 运行数据方面

主要存在两类问题，一是设备运行数据传输不同步，总部数据中台 MC 库与 OTS 库的数据不一致❶，指标计算用 MC 库，运行数据展示用 OTS 库。二是运行数据缺失或跳变等问题，导致负载率计算结果与实际情况不符。例如：

---

❶ 总部负载率指标计算用数据中台 MC 库，运行数据展示用数据中台 OTS 库。

C.TK 站 6 月 5～7 日运行数据缺失，如图 7 所示。

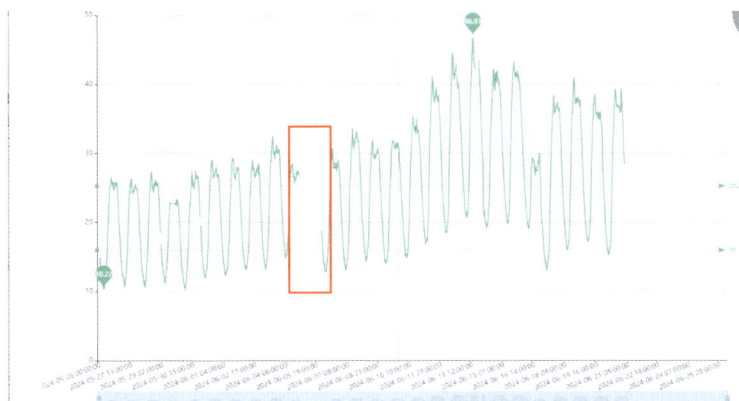

图 7　C.TK 站运行数据缺失

整体解决方式：一是建议总部数据中台建立异动数据自动同步机制，且能在网上电网平台按照设备类型、日期进行一致性监测展示，方便用户进行量测数据一致性核查；二是按月导出量测可用度指标中缺失运行数据的清单，与调度 D5000 开展运行数据曲线核对，针对网上电网缺失数据情况，组织省侧数据中台开展补录。

针对上文中 C.TK 站缺失运行数据问题，调度专业人员确认调度 D5000 无缺失，组织省侧数据中台开展数据补录后，将运行数据推送至"网上电网"后解决。

4. 计算逻辑方面

主变压器最大负载率，网上电网平台计算程序无法区分反向重过载等问题，导致负载率计算结果与实际情况不符。例如：L.CY 站/C2 号主变压器，设备容量 50MVA。在 2024 年 2 月份，有功功率最大达到−41.75MW。按照系统计算逻辑，负载率为 84.65%，会被误统计成重载设备，无法反映设备反向重载的实际情况，如图 8 所示。

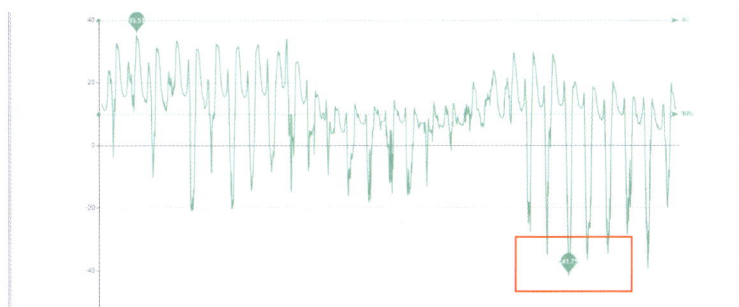

图 8　L.CY 站/C 2 号主变压器反向重过载

189

整体解决方式：目前，在配电网规划模块问题诊断校核中，可查看设备最大负荷正、反向及最大负载率正、反向数据，易于用户区分反向重过载。

（四）向国家电网公司总部提出平台功能优化建议

1. 设备档案功能优化建议

一是对未匹配档案进行提醒。在指标看板页面，新增"设备档案维护"功能，穿透后可通过该页面对未关联 EMS_ID 的设备进行提醒，并能在此页面完成未匹配设备关联维护，同时能在同一界面按照地区、电压等级筛选问题清单，如图 9 所示。

二是对已匹配档案，若源端主变压器容量变更后可提供提示功能。在指标看板页面，点击"设备档案维护"，穿透后可通过该页面对比主变容量信息，对容量不一致进行标红提示，并在同一界面支持容量修改维护操作，如图 10 所示。

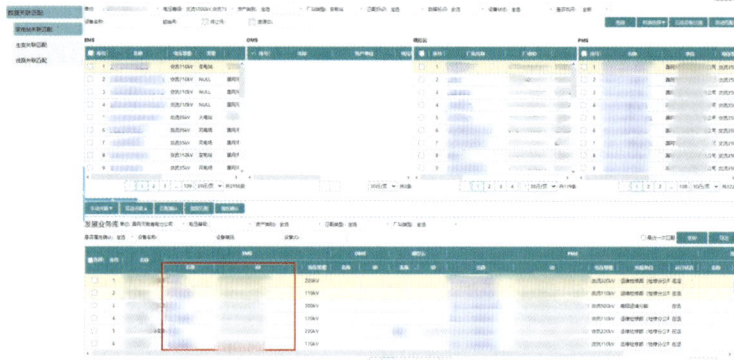

图 9　参考多源匹配情况页面展示

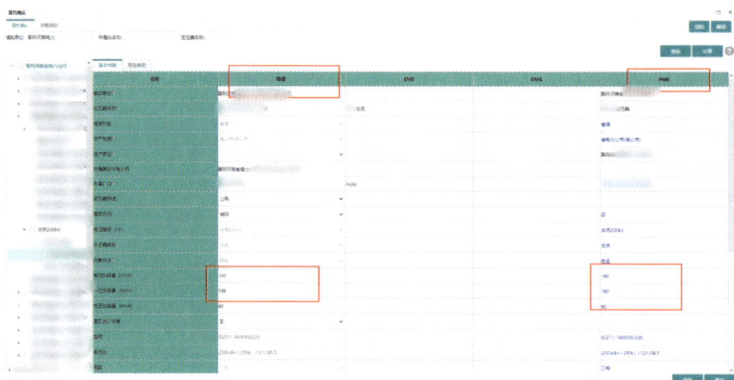

图 10　参考属性确认对比页面

2. 测点匹配功能优化建议

一是展示测点关键信息字段，易于核对。在指标看板页面，新增"测点匹配维护"功能，通过穿透可以按列展示 EMS_ID、EMS 设备名称、测点 ID（调度绕组 ID），方便核对准确性，并能自动识别关联错误设备，如图 11 所示。

二是对异常设备可以进行打标签操作。在指标看板页面，可以通过"标签维护"工具，维护退役设备，展示标签内容，如图 12 所示。

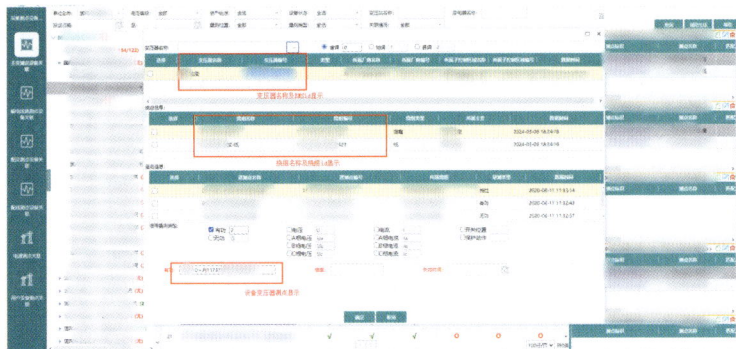

图 11 参考测点关联关系页面

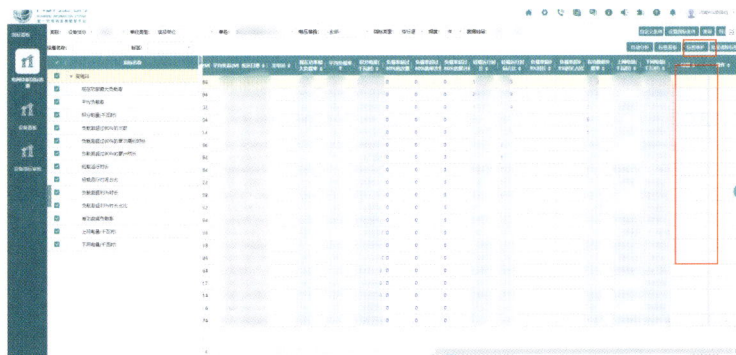

图 12 参考指标看板页面

3. 运行数据功能优化建议

一是监测运行数据传输链路数据一致性情况。在指标看板页面，新增"运行数据对比"功能，穿透展示省侧数据中台、总部数据中台 MC 库和 OTS 的数据量是否一致，并诊断定位数据量不一致的设备。例如：总部 OTS 未同步等原因，如图 13 所示。二是监测运行数据完整率情况。在指标看板页面，新增"运行数据完整率"功能，穿透页面可以展示设备缺点超 5% 的明细。如图 14 所示。

图 13　参考设备建档监测页面

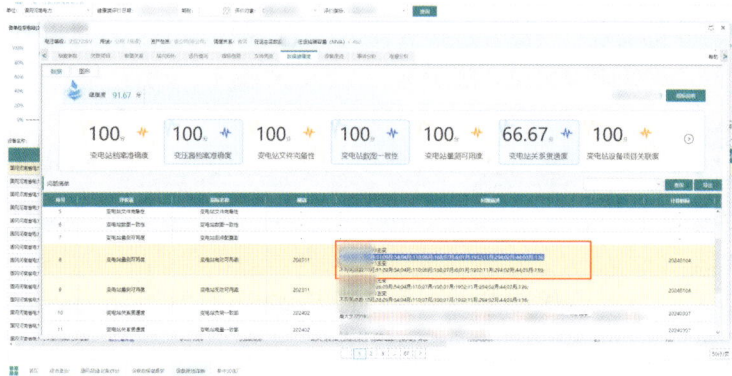

图 14　参考设备页卡健康度指标监测页面

4. 计算逻辑功能优化建议

一是页面展示计算公式。在指标看板页面，新增"计算逻辑"功能，通过页面穿透查看设备最大负载率计算公式。如图 15 所示。

二是页面展示数据过程明细。在指标看板页面，新增"计算逻辑所用数据"功能，穿透查看设备最大负荷日期的曲线数据（页面上方），需要展示计算负载率所用值的明细（页面下方）。例如：有功功率值、无功功率值、最大负载率（有功平方＋无功平方开根号除以容量）及功率的正反向，需要展示出具体计算数值。如图 16 所示。

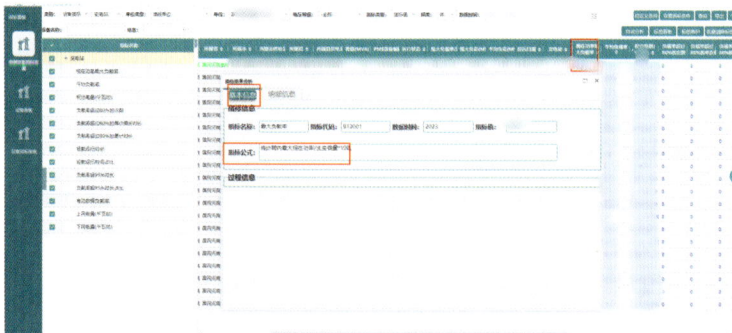

图 15　参考指标看板视在功率指标公式页面

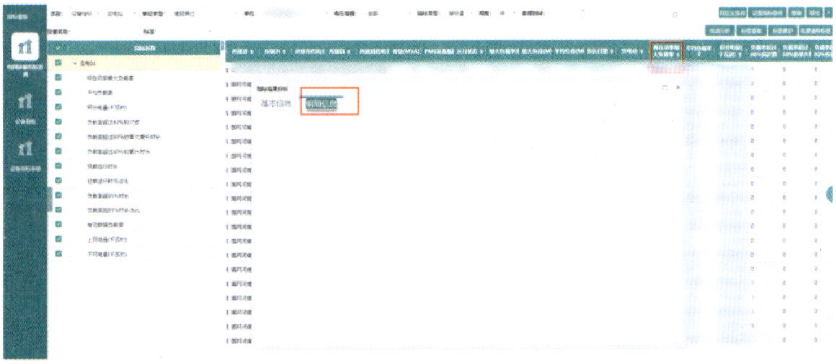

图 16　参考指标看板视在功率指标明细页面

三、成效总结

通过该案例，形成三个方面成效。一是"网上电网"负载率可用率指标提升至 95%。进一步促进主网设备负载率计算结果与实际相符，支撑省公司设备负载率分析等工作。二是形成全链条工作方法和数据核查机制。以档案类、运行类等问题数据治理为抓手，研究制订了可行性解决方法，进一步加强主网设备档案、运行数据、测点匹配、计算逻辑等问题数据治理提升。三是为总部实用化功能建设献计献策。持续向总部加强沟通汇报，切实运用推广"网上电网+负载率提升鱼骨图分析法"，为网上电网平台功能优化贡献河南智慧和力量。

主要完成人：吴军波　狄方涛　吴　博　姚　帅　张林涛
　　　　　　　杨　卓　李幸隆　付　晟　徐菁嶺　胡嘉琦

27. 基于"网上电网"开展多系统融合比对以优化电量采集策略

🍃 一、背景介绍

电力数据是经济社会运行状况的"晴雨表"，可以全面、准确地反映国民经济各行业的经济运行状况。随着经济社会的发展，政府和公司对电量数据时效性和频度的要求越来越高。同时，总部要求进一步提高发用电量实时统计数据准确性，充分发挥电力看经济"先行官"作用。

在这样的背景下，Q 市公司按照"以点代面、追根溯源"原则，依托"网上电网"平台，使用"客户电量监测"功能，协同营销、线损专业，融合对比营销电采和同期线损系统，开展客户用电量与发行售电量差异分析，深入实施发电厂站采集数据治理。通过分压分区、分行业数据交叉比对分析和档案治理，有效降低客户用电量与月度统计电量的偏差，提高全社会用电量发布的精准度，助力电力经济运行态势把握，支撑电力保供与稳经济保增长工作。

🍃 二、应用详情

（一）分区分压分析

1～8 月，Q 市公司"网上电网"平台客户用电量完成 A 亿 kWh，同比增长 9.5%。其中高压售电量完成 B 亿 kWh，同比增长 10.5%；低压售电量完成 C 亿 kWh，同比增长 8%，如图 1 所示。

营销电采系统售电量完成 D 万 kWh（其中变损、窃电追补等电量 E 万 kWh，推算原始数据 F 万 kWh），客户用电量高于发行售电量 G 万 kWh，偏差率 0.26%；线损系统售电量完成 H 万 kWh，高于营销电采系统售电量 I 万 kWh，忽略不计。1～8 月网上电网、线损与营销电采系统售电量完成情况见表 1。

图1　1~8月Q市公司客户用电量完成情况

表1　　　　　1~8月网上电网、线损与营销系统售电量完成情况表　　　（万kWh）

分类	网上电网	线损系统	营销系统	网上电网与营销系统差异	线损系统与营销系统差异	差异项目				
						变损	窃电追补	计量差错	客户加线损	其他
总售电量				1195	174	1200	14	65		
10kV及以上	28			1197	539	0	0	0		
其中：220kV		86	75		−389	0	0	0		
110kV		806	92		−86	0	0	0		
35kV		03	6		−3	0	0	0		
10kV		275	58		1017	1200	14	65		
380V 0.38/0.22kV	13	50	115	−2	−365	0	0	0		

对比分析结论：10kV及以上客户用电量和发行售电量偏差1197万kWh，是造成差异的主要原因。220kV Q市FH发电有限责任公司、Q市HQ发电有限责任公司和HC独立储能电站，三个用户"网上电网"平台高于线损系统和营销电采系统1196万kWh。Q市FH发电有限责任公司、Q市HQ发电有限责任公司、HC储能电站用户电量查询结果如图2~图4所示。

图2　FH发电公司用户分月售电电量完成情况

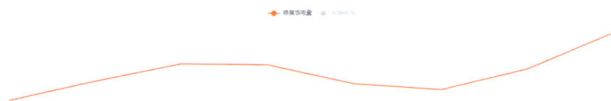

图3　HQ发电公司用户分月售电电量完成情况

图4　HC储能电站用户分月售电电量完成情况

因"网上电网"平台无分电压等级数据，按照表 1 中线损与营销电采系统各电压等级差异情况可知，偏差主要集中在 220、110kV 和 10kV。

1. 220kV 电量分区分析

1～8 月，线损系统 220kV 售电量为 J 万 kWh，营销电采系统发行售电量为 K 万 kWh，电量偏差 L 万 kWh。通过查询 220kV 分区售电量，电量偏差主要在 SC 供电中心，具体明细见表 2。

表 2　　　　　　　　　220kV 分区售电量差异情况表　　　　　　　（万 kWh）

分类	线损系统	营销系统	差异电量
总售电量			−389
其中：QB	73	73	0
SC	82	71	−389
Q 县	0	0	0
X 县	31	31	0

根据表 2 数据，查询 SC 区内 220kV 大用户，通过对"网上电网"平台、线损系统与营销电采系统的分月售电量比对分析，发现有三个用户电量差异较大。

对比分析结论：主要是两个原因，一是 Q 市 FH 发电有限责任公司、Q 市 HQ 发电有限责任公司，"网上电网"平台采用两个用户主副表数据，均为线损系统和营销电采系统售电量 2 倍。1～8 月，此两个用户分别高于营销电采系统和线损系统售电量 703 万 kWh、881 万 kWh。二是 HC 储能电站因建档原因，1 月份"网上电网"平台客户用电量低于营销电采系统售电量 372 万 kWh，线损系统售电量低于营销电采系统售电量 388 万 kWh。

综上，导致"网上电网"平台 220kV 客户用电量高于营销电采系统售电量 1196 万 kWh。大用户售电量完成情况见表 3。

表 3　　　　　网上电网、线损与营销系统大用户售电量完成情况表　　　　（万 kWh）

用户名称	Q 市 FH 发电有限责任公司（电厂）					Q 市 HQ 发电有限责任公司（电厂）					Q 市 HQ 发电有限责任公司（储能）				
月份	营销	线损	网上电网	营销—网上	营销—线损	营销	线损	网上电网	营销—网上	营销—线损	营销	线损	网上电网	营销—网上	营销—线损
1 月	60	60	107	−47	0	67	67	132	−65	0	388	0	16	372	388
2 月	128	128	271	−143	0	97	97	194	−97	0	755	755	750	5	0
3 月	62	62	125	−63	0	127	127	250	−123	0	724	724	724	0	0

续表

用户名称	Q 市 FH 发电有限责任公司（电厂）					Q 市 HQ 发电有限责任公司（电厂）					Q 市 HQ 发电有限责任公司（储能）				
月份	营销	线损	网上电网	营销－网上	营销－线损	营销	线损	网上电网	营销－网上	营销－线损	营销	线损	网上电网	营销－网上	营销－线损
4 月	41	41	83	−42	0	128	128	248	−120	0	723	723	720	3	0
5 月	89	89	178	−89	0	93	93	188	−95	0	719	719	715	4	0
6 月	238	238	477	−239	0	84	84	169	−85	0	700	700	711	−11	0
7 月	38	38	77	−39	0	118	118	237	−119	0	677	677	677	0	0
8 月	40	40	81	−41	0	177	177	354	−177	0	666	666	666	0	0
合计	696	696	1399	−703	0	891	891	1772	−881	0	5352	4964	4979	373	388

2. 110kV 电量分区分析

1～8 月，线损系统 110kV 售电量为 M 万 kWh，营销电采系统发行售电量为 N 万 kWh，电量偏差 O 万 kWh。通过查询 110kV 分区售电量，电量偏差主要在 X 县供电公司，具体明细见表 4。

表 4　　　　　　　110kV 分区售电量差异情况表　　　　　　（万 kWh）

分类	线损系统	营销系统	差异电量
总售电量			−86
其中：QB	51	51	0
SC	17	20	−3
Q 县	31	35	−4
X 县	57	36	−79

根据表 4 数据，查询 X 县县域内 110kV 大用户，通过"网上电网"平台、线损系统与营销电采系统分月售电量比对分析，有一个 110kV 用户电量差异较大。

对比分析结论：ZGH 新能源河南有限公司 X 县分公司，线损系统中 1、7、8 月修复电量分别为 1 万 kWh、6 万 kWh 和 71 万 kWh，"网上电网"平台与营销电采系统售电量一致，110kV 电量"网上电网"平台与营销电采系统无偏差。ZGH 新能源河南有限公司 X 县分公司完成情况如图 5 和表 5 所示。

图 5　ZGH 储能电站用户分月售电电量完成情况

表 5　　　网上电网、线损与营销系统 ZGH 用户售电量完成情况表

用户名称	ZGH 新能源河南有限公司 X 县分公司				
月份	营销	线损	网上电网	营销—网上	营销—线损
1 月	4	3	3	1	1
2 月	0	0	0	0	0
3 月	0	0	0	0	0
4 月	0	0	0	0	0
5 月	0	0	0	0	0
6 月	8	8	8	0	0
7 月	34	28	34	0	6
8 月	424	353	424	0	71
合计	470	392	469	1	78

3. 10kV 电量分区分析

1～8 月，线损系统 10kV 售电量为 P 万 kWh，营销电采系统 Q 万 kWh，电量偏差 R 万 kWh。通过查询 10kV 分区售电量，电量偏差主要在 SC 供电中心、Q 县公司、X 县公司，10kV 分区售电量差异情况见表 6。

表 6　　　　　　　　10kV 分区售电量差异情况表　　　　　　（万 kWh）

分类	线损系统	营销系统	差异电量
总售电量			1017
其中：QB	48	93	55
SC	70	42	928
Q 县	87	14	273
X 县	70	09	−239

根据表 6 数据，查询线损系统与营销电采系统 10kV 用户电量，1～8 月，线损系统修复电量约增加 S 万 kWh，发行售电量中包括 10kV 高供低计变损电量万 T kWh，窃电追补（含 380V/220V）电量 U kWh，计量差错追退电量 V kWh，增加 W 万 kWh，理论上，10kV 售电量偏差应为 X kWh 以内。

对比分析结论：通过查询 10kV 典型用户，线损系统约有 Y 万 kWh 电量误算导致偏差。因 10kV 用户数据量庞大，需组织相关人员对线损系统与营销电采系统进行深入核查分析。根据表 1 "网上电网"平台与营销电采系统 10kV 及以上高压用户电量偏差为 Z 万 kWh，核查 220kV 电量偏差 AA 万 kWh，110kV 和 35kV 电量偏差较小忽略不计，判断"网上电网"平台 10kV 电量与营销电采系统偏差较小忽略不计。

（二）分行业分析

"网上电网"平台客户用电量行业用电量构成，是根据用户档案的用电性质划分生成报表。营销电采系统行业售电量是根据计量点计算生成。因采集规则不一致，两个系统之间天然存在偏差。

1～8 月，"网上电网"平台客户用电量第一产业、第二产业、第三产业和城乡居民生活用电分别完成 BB 亿 kWh、CC 亿 kWh、DD 亿 kWh、EE 亿 kWh。行业分类客户用电量完成情况如图 6 所示。

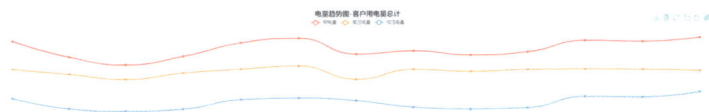

图6 1~8月行业分类客户用电量完成情况

通过查询营销电采系统，1～8 月，"网上电网"平台客户用电量与营销电采系统发行售电量，第一产业、第二产业、第三产业和城乡居民生活用电偏差分别为 FF 万 kWh、GG 万 kWh、HH 万 kWh 和 II 万 kWh。行业分类售电量差异情况见表 7。

表7　　　　　　　　行业分类售电量差异情况表　　　　　　　（万 kWh）

行业名称	网上电网	营销系统	差值
全社会用电总计			1198
A. 全行业用电合计			4198
第一产业	13	708	−1895
第二产业	257	451	1806
第三产业	340	053	4287
B. 城乡居民生活用电合计	232	232	−3000
城镇居民	93	996	−3003
乡村居民	39	236	3

分产业大类看，按照选取各行业用电大户，详细对比"网上电网"平台与营销电采系统偏差情况，提炼共性原因，主要有以下结论：

第一产业："网上电网"平台客户用电量为 JJ 万 kWh，营销电采系统发行售电量为 KK 万 kWh，偏差 LL 万 kWh。偏差主要原因：有部分客户约 MM kWh 电量，主要是农、林、牧、渔专业及辅助性活动行业。"网上电网"平台正确计入第三产业，而营销电采系统发行电量计入农业，这导致两系统第一产业偏差。

第二产业："网上电网"平台客户用电量为 NN 万 kWh，营销电采系统发行售电量为 OO 万 kWh，偏差 PP 万 kWh。偏差主要原因：部分用电量较大的园区用户，用电性质归属于大工业用电，其区域内所带部分子用户为居民用电量。营销电采系统考虑发行电价不一样，发行时将园区用户总表电量减去区域内子用户电量后，归属为工业电量，子用户电量归属于居民生活用电。但是，"网上电网"平台采用总表数据，归属于工业用电。这导致两系统第二产业偏差。

第三产业："网上电网"平台客户用电量为 QQ 万 kWh，营销电采系统发行售电量为 RR 万 kWh，偏差 SS 万 kWh。偏差主要原因：一是农、林、牧、渔专业及辅助性活动，约有 TT 万 kWh 客户，"网上电网"平台正确计入第三产业，营销电采系统计入农业；二是批发零售业和房地产业中，约 UU 万 kWh 的用户，"网上电网"平台归属于第三产业，营销电采系统归计入居民生活用电。这导致两系统第三产业偏差。

城乡居民生活："网上电网"平台客户用电量为 VV 万 kWh，营销电采系统发行售电量为 WW 万 kWh，偏差 XX 万 kWh。偏差主要原因："网上电网"平台与营销电采系统，对于工业中的部分子用户、第三产业中部分批发零售业、房地产业划分不一致造成。

此外，10kV/6kV 高供低计用户中，1～8 月，变损电量约 YY 万 kWh，此部分电量用户可能归属工业和排灌等行业，也会相应导致偏差。

公司通过数据核查分析与档案治理，1～8 月，客户用电量与统计报表售电量偏差由 0.3% 降至 0.1%；"网上电网"平台增加"按计量点汇总集成电量数据"功能后，公司 8 月份客户电量偏差由 0.3% 降至 0.003%，部分行业同步减小了偏差。

🍃 三、成效总结

本案例依托"网上电网"平台，一是通过"客户用电量监测"功能，针对地区用电量构成和行业用电量构成数据，通过与线损系统、营销电采系统数据交叉对比分析，快速定位系统偏差主要原因。二是通过对"网上电网"平台、营销电采系统、线损系统的融合对比分析，诊断定位了电量采集规则的差异，分析明确了数据分行业归类差异，为全省电量偏差分析提供了工作思路和方法。三是形成了支撑总部研判电量偏差原因和开展功能优化的成果。总部参照营销电采系统，已在"网上电网"平台，增加了"按照计量点采集汇总数据"功能。目前，两系统售电量对比几乎无偏差。通过本案例的应用实践，提升了数据精准性，为实现全社会用电量实时统计、按日发布提供了支撑。

主要完成人：窦红霞